Robert Franz

# Auswirkungen der Mitarbeiterzufriedenheit auf die Kundenzufriedenheit im Dienstleistungssektor – Theoretische Grundlagen und empirische Ergebnisse

Robert Franz

# Auswirkungen der Mitarbeiterzufriedenheit auf die Kundenzufriedenheit im Dienstleistungssektor – Theoretische Grundlagen und empirische Ergebnisse

Wismarer Schriften zu Management und Recht, Band 53

www.wismarer-schriften.de

Franz, Robert

# Auswirkungen der Mitarbeiterzufriedenheit auf die Kundenzufriedenheit im Dienstleistungssektor – Theoretische Grundlagen und empirische Ergebnisse

Wismarer Schriften zu Management und Recht
Band 53

Herausgegeben von:
Prof. Dr. Jost W. Kramer
Prof. Dr. Karl Wolfhart Nitsch
Prof. Dr. Gunnar Prause
Prof. Dr. Andreas von Schubert
Prof. Dr. Andreas Weigand
Prof. Dr. Joachim Winkler

1. Auflage 2011 | ISBN: 978-3-86741-679-5

## Abstract

Die vorliegende Arbeit befasst sich mit der Frage, ob die Mitarbeiterzufriedenheit im Dienstleistungssektor einen Einfluss auf die Kundenzufriedenheit hat. In einem ersten Teil werden hierfür theoretische Grundlagen dargestellt, welche einen Aufschluss über die Komplexität dieses Themas geben. Für den sich anschließenden praktischen Teil wurden zwei hoch strukturierte Fragebögen entwickelt, welche als Messinstrument bei den Mitarbeitern und Kunden zweier Dienstleistungsunternehmen zum Einsatz kamen. Dabei wurde besonderen Wert darauf gelegt, dass die Fragebögen vergleichbar sind. Dadurch ist es möglich, die Auswirkungen der Mitarbeiterzufriedenheit auf die Kundenzufriedenheit in diesem Sektor aufzuzeigen.

The present paper deals with the question whether within the service sector employee satisfaction has an impact on customer satisfaction. Therefore, introductorily the theoretical principles describing the complexity of the before mentioned topic are analyzed. Those following two comprehensive questionnaires have been drawn up in order to measure the satisfaction of employees and customers related to two service companies while expressly paying attention to the fact that both questionnaires are comparable. Consequently it was possible to indicate the impact of the employees on the customer satisfaction in this sector.

# Inhaltsverzeichnis

# Abbildungsverzeichnis

**Anlagenverzeichnis**

## Abkürzungsverzeichnis

ABB ............................ Arbeitsbeschreibungsbogen

ERG-Theorie ............... Existence-Relatedness-Growth - Theorie

JDI ............................. Job Descriptive Index

KZ ............................. Kundenzufriedenheit

MUZ .......................... Mitarbeiterunzufriedenheit

MZ ............................ Mitarbeiterzufriedenheit

N-MZ ........................ Nicht-Mitarbeiterzufriedenheit

N-MUZ ...................... Nicht-Mitarbeiterunzufriedenheit

ofb ............................ onlineFragebogen

SAZ ........................... Skala zur Messung der Mitarbeiterzufriedenheit

## Vorwort

Seit geraumer Zeit wird gerade für Dienstleistungsunternehmen unterstellt, dass es einen engen Zusammenhang zwischen der Zufriedenheit der Mitarbeiter einerseits und der Zufriedenheit der Kunden andererseits gibt. Die entsprechenden theoretischen Überlegungen sind auch durchaus plausibel und haben während der letzten Jahre bei Dienstleistern der unterschiedlichsten Branchen dazu geführt, dass nach der Kundenzufriedenheit auch und gerade der Mitarbeiterzufriedenheit deutlich größere Bedeutung beigemessen wird als in der Vergangenheit. Eines der jüngsten Beispiele hierfür ist der Bankensektor, der in seinem Bemühen um die Wiedergewinnung des Vertrauens der Kunden auch der Mitarbeiterzufriedenheit – als einem Faktor der Kundenorientierung – mehr Beachtung schenkt.

Umso erstaunlicher ist es, dass bis dato vergleichsweise wenige Studien existieren, die empirisch überprüfen, ob und wie stark denn tatsächlich die Zusammenhänge zwischen Mitarbeiterzufriedenheit und Kundenzufriedenheit sind. Zu vermuten ist in diesem Kontext, dass derartige Studien, insbesondere breit angelegte, branchenübergreifende Forschungsvorhaben, aus Kostengründen weitgehend unterblieben sind. Umso verdienstvoller ist es, dass der Autor im Rahmen seiner hier präsentierten Masterthesis sich diesem nahezu stiefmütterlich behandelten Aspektes zuwendet. Zwar konnte auch er sowohl aus Zeit- als auch aus Kostengründen keine branchenübergreifende, statistisch repräsentative Studie durchführen. Dessen ungeachtet hat er nicht nur ein Konzept entwickelt, dass für die Messung des Zusammenhangs geeignet ist, sondern konnte dieses dank der Bereitschaft von zwei Unternehmen aus dem Fitnesssektor auch einsetzen – und zumindest für diese Unternehmen in dieser Branche die unterstellten Zusammenhänge zwischen Mitarbeiter- und Kundenzufriedenheit belegen. Dabei gelangte er zudem zu der Erkenntnis, dass hinsichtlich der Mitarbeiterzufriedenheit grundsätzlich zu differenzieren ist nach der Kundennähe des jeweiligen Mitarbeiters – ein Aspekt, der ebenso plausibel ist wie bisher vernachlässigt. Für den Bankenbereich würde dies beispielsweise bedeuten, dass die Zufriedenheit der Mitarbeiter im Bereich der Marktfolge deutlich geringere Auswirkungen auf die Kundenzufriedenheit hätte als die Zufriedenheit der Mitarbeiter im Marktbereich. Aus dieser Erkenntnis heraus ergibt sich ggf. die Konsequenz, das von Herrn Franz nachfolgend präsentierte Konzept für den Mitarbeiterbereich zu differenzieren gemäß dem Ansatz der internen Kundenbeziehungen. Auf diese Weise wird auch bereits weiterer Forschungsbedarf erkennbar – für den Herr Franz mit Hilfe der hier zugänglich gemachten Studie ein Forschungsdesign vorlegt, dass nicht nur für mehrere Unternehmen aus einer Branche nutzbar bzw. auf andere Dienstleistungsbranchen übertragbar ist, sondern bei breiterer Anwendung auch weitergehende statistische Untersuchungen erlaubt. Derartige Untersuchungen könnten dann dazu beitragen, die mit im Zuge dieser Arbeit belegten Zusammenhänge zwischen Kunden- und Mitarbeiterzufriedenheit weiter zu validieren.

Wismar, im März 2011


Jost W. Kramer

# 1. Einleitung

In Amerika ist der Ausspruch: „People make the difference" weit verbreitet. Die eigenen Mitarbeiter als Schlüssel zur Kundenorientierung zu erkennen, das soll nach *Homburg* und *Stock* das zentrale Erfordernis in vielen Unternehmen sein.[1] Doch was sind die Einflussfaktoren für die Zufriedenheit eines Mitarbeiters? Wirkt sich seine Zufriedenheit positiv auf die Kundenzufriedenheit aus? Und ist es überhaupt möglich, das Verhalten der Mitarbeiter so zu verändern, dass die Kundenzufriedenheit steigt? Diese Fragen finden ihren Ursprung Anfang der 1950er Jahre. Sie sind jedoch noch immer relevant, da in den letzten Jahren eine Verstärkung der Wettbewerbsintensität in vielen Dienstleistungsunternehmen zu sinkenden Gewinnen führte. Insbesondere in diesem Sektor, wo die Interaktion zwischen Mitarbeitern und Kunden eine bedeutsame Rolle spielt, wird es immer schwieriger, die Ergebnisse und Wachstumsraten der Vergangenheit zu übertreffen oder einfach nur aufrecht zu erhalten.[2]

Um die oben genannten Fragestellungen zu beantworten, ist es Ziel dieser Arbeit, neue Forschungsergebnisse in Bezug auf die Auswirkungen der Mitarbeiterzufriedenheit auf die Kundenzufriedenheit im Dienstleistungssektor zu erheben. Diese Arbeit untersucht im praktischen Teil eine andere als die bisher untersuchten Branchen. Nach Recherchen erwies sich der Fitnesssektor als hervorragend geeignet, weil auch hier ein unmittelbares Aufeinandertreffen von Mitarbeitern und Kunden stattfindet.

Bevor sich diese Arbeit dem praktischen Teil zuwenden kann, ist es notwendig, mit einem theoretischen Teil wesentliche Grundlagen dar-

---

[1]  Vgl. Homburg, C./Stock, R. (2000): Der kundenorientierte Mitarbeiter, S. 17.

[2]  Vgl. Bruhn, M. (2006): Zufriedenheits- und Kundenbindungsmanagement, in: Hippner, H./Wilde, K. D. (Hrsg.): Grundlagen des CRM, S. 511.

zustellen. Demzufolge wird sich das anschließende Kapitel zunächst mit einer einheitlichen Definition für den Dienstleistungsbereich auseinandersetzen. Damit wird sichergestellt, dass für den Leser eine klare Abgrenzung zu Sachleistungsunternehmen besteht. Nach einer kurzen Einführung in das Thema der Mitarbeiter- und Kundenzufriedenheit im Kapitel 3 erfolgt der Übergang zu Kapitel 4. Hierbei wird grundlegend auf die Entstehung, Folgen und Auswirkungen sowie die Messung von Mitarbeiterzufriedenheit eingegangen. Der theoretische Teil endet mit Kapitel 5, wobei hier neben der Entstehung sowie den Folgen und Auswirkungen der Kundenzufriedenheit auch auf Zusammenhänge zwischen Kundenzufriedenheit und Kundenbindung sowie zwischen Dienstleistungsqualität und Kundenzufriedenheit eingegangen wird. Diese Zusammenhänge wurden ausgewählt, weil sie bei einer Untersuchung im Dienstleistungssektor entscheidende Elemente für den unternehmerischen Erfolg darstellen.

Im Anschluss an die empirische Untersuchung wird eine klare Stellung bezogen, ob Auswirkungen der Mitarbeiterzufriedenheit auf die Kundenzufriedenheit in der Fitnessbranche bestehen. Darüber hinaus werden die gewonnenen Ergebnisse als Auswirkungen für den Unternehmenserfolg zusammengefasst.

## 2. Definition Dienstleistung

Allem vorangestellt soll zunächst der Begriff Dienstleistung näher erläutert werden, damit im weiteren Verlauf Einigkeit zu dieser Begriffsbestimmung besteht.

Der Begriff Dienstleistung geht auf das französische Wort „service" zurück. Dieses wurde aus dem lateinischen „servire" abgeleitet. Hierunter verstand man in seinen ältesten Bedeutungsinhalten eine Form des Sklavendienstes. Viele Jahre später erhielt der Begriff Dienste leisten den Inhalt, etwas Förderliches oder Nützliches zu tun.[3] Aus heutiger Sicht existieren bei der Definition von Dienstleistungen vier generelle Definitionsansätze.[4] Zuerst ist die tätigkeitsorientierte Definition zu nennen. Sie besagt, dass was der Mensch tut, um seine physische und psychische Arbeitskraft mit oder ohne Verbindung zur materiellen Güterwelt, in den Zweckbereich der menschlichen Bedürfnisbefriedigung zu bringen, eine Dienstleistung ist.[5] Dieser Definitionsansatz weist darauf hin, dass Dienstleistungen direkt am Menschen oder an materiellen Gütern erbracht werden können. Aufgrund der Weite dieser Begriffsauffassung, bietet die anwendungsbezogene Ebene der Abgrenzung nur wenige Möglichkeiten, marketingspezifische Besonderheiten abzuleiten.[6] Der zweite Definitionsansatz ist die prozessorientierte Definition. Hierunter versteht man die Betrachtung der Dienstleistung als Tätigkeit, als Prozess beziehungsweise als Vorgang der Leistungserstellung zur Bedarfsdeckung Dritter. Insbesondere das sogenannte „Uno-actu-Prinzip" (Synchronisation von Produktion und

---

3     Vgl. Bieberstein, I. (2001): Dienstleistungsmarketing, S. 25.
4     Vgl. Corsten, H. (1988): Dienstleistungen in produktionstheoretischer Interpretation, in: Wirtschaftswissenschaftliches Studium, 17. Jg., S. 81f.
5     Vgl. Schüler, A. (1976): Dienstleistungsmärkte in der Bundesrepublik Deutschland, S. 19.
6     Vgl. Meffert, H./Bruhn, M. (2006): Dienstleistungsmarketing, S. 29.

Absatz) steht hierbei im Mittelpunkt. Gemäß der dritten, der ergebnisorientierten Definition, werden Dienstleistungen als immaterielle Güter bezeichnet. Sie sind das Ergebnis eines Prozesses der Dienstleistungserbringung.[7] Den letzten Definitionsansatz beschreibt die potenzialorientierte Definition. Dienstleistungen können als das durch Menschen oder Maschinen geschaffene Potenzial eines Dienstleistungsanbieters angesehen werden, spezifische Leistungen beim Dienstleistungsnachfrager zu erbringen.[8] Nach diesen vier Definitionsansätzen ergibt sich die folgende Dienstleistungsdefinition.[9] Dienstleistungen sind selbstständige, marktfähige Leistungen, die mit der Bereitstellung und/oder dem Einsatz von Leistungsfähigkeiten verbunden sind (Potenzialorientierung). Interne und externe Faktoren werden im Rahmen des Leistungserstellungsprozesses kombiniert (Prozessorientierung). Die Faktorenkombination des Dienstleistungsanbieters wird mit dem Ziel eingesetzt, an den externen Faktoren, an Menschen oder deren Objekten Nutzen stiftende Wirkungen zu erzielen.

Hinsichtlich einer Abgrenzung zwischen einer Dienstleistung und einer Sachleistung herauszuarbeiten, besagt die Literatur, dass das Spektrum von Dienstleistungsangeboten äußerst breit und heterogen ist und sich eine Abgrenzung gegenüber Sachleistungen im Einzelfall als schwierig darstellt. Eine sehr sinnvolle Abgrenzung ist über die charakteristischen Eigenschaften von Dienstleistungen durchzuführen. Im Gegensatz zu den greifbaren Sachleistungen sind Dienstleistungen real und nicht greifbar und somit immateriell. Folge dieser Immaterialität sind Nichtlagerfähigkeit sowie Nichttransportfähigkeit der Dienstleistung. Eine weitere wesentliche Eigenschaft stellt die Simultanität

---

[7]   Vgl. Bruhn, M. (2003): Qualitätsmanagement für Dienstleistungen, S. 17.

[8]   Vgl. Meyer, A./Mattmüller, R. (1987): Qualität von Dienstleistungen: Entwurf eines praxisorientierten Qualitätsmodells, in: Marketing ZFP, 9. Jg., Nr. 3, S. 187f.

[9]   Vgl. Meffert, H./Bruhn, M. (2006): Dienstleistungsmarketing, S. 33.

von Produktion und Konsumtion dar. Somit verfallen nicht in Anspruch genommene Servicekapazitäten und den damit entstandenen Kosten stehen keine Erlöse gegenüber.[10] Des Weiteren besteht bei Dienstleistungen zwischen Anbieter und Nachfrager immer ein direkter Kontakt, wohingegen das bei den Sachleistungen nicht immer der Fall sein muss. Abschließend ist zu erwähnen, dass bei der Leistungserstellung und Leistungsnutzung von Dienstleistungen Menschen beteiligt sind und somit ein großes Potenzial für Streuung bei gleichartigen Dienstleistungen gegeben ist. Aus diesem Grund sind Dienstleistungen immer individuell zu betrachten.[11]

Im praktischen Teil werden zwei Fitnessanlagen im Zentrum der Betrachtung stehen. Diese beiden Unternehmen können ganzheitlich in die zuvor genannte Definition eingeordnet werden. Somit fungieren sie als Dienstleistungsunternehmen.

---

[10]  Vgl. Meffert, H./Bruhn, M. (2002): Exzellenz im Dienstleistungsmarketing, S. 5f.
[11]  Vgl. Kotler, P. et al. (2003): Grundlagen des Marketing, S. 736.

## 3. Einführung in das Thema Mitarbeiter- und Kundenzufriedenheit

Seit Jahrzehnten wird sowohl in der Wissenschaft als auch in der Praxis über den Zusammenhang zwischen Mitarbeiter- und Kundenzufriedenheit diskutiert. Aufgrund dieser langen Forschungstradition gibt es eine Vielzahl unterschiedlicher Forschungsansätze und –ergebnisse, bei denen das Interesse vor allem in den kundenbezogenen Verhaltensweisen sowie in den Leistungen der Mitarbeiter als Auswirkungen der Mitarbeiterzufriedenheit liegt.

Der Ausgangspunkt der Mitarbeiterzufriedenheitsforschung führt in die 1920er Jahre zurück, wobei hauptsächlich in den 1920er, 1930er, 1960er und 1970er Jahren zum Gebiet der Mitarbeiterzufriedenheit geforscht wurde. Nach den 1970er Jahren kehrte ein wenig Ruhe ein und erst seit wenigen Jahren findet dieser Forschungszweig wieder verstärkt Beachtung.[12]

Etwas jüngeren Ursprungs ist die Kundenzufriedenheitsforschung. Hierbei fand eine erste Auseinandersetzung mit dem Thema Konsumentenzufriedenheit ab Mitte der 1950er Jahre statt. Diese intensivierte sich Ende der 1960er bzw. zu Beginn der 1970er Jahre. In den 1980er Jahren ging man zu dem Schwerpunkt des Beschwerdemanagements sowie des Beschwerdeverhaltens über. Seit dem Beginn der 1990er Jahre findet mit dem zunehmenden Interesse an der Dienstleistungsqualität eine Beschäftigung mit der gesamten Leistungskette des Unternehmens statt.[13]

---

[12] Vgl. Winter, S. (2005): Mitarbeiterzufriedenheit und Kundenzufriedenheit – Eine mehrebenanalytische Untersuchung der Zusammenhänge auf Basis multidimensionaler Zufriedenheitsmessung, S. 7, abgerufen unter: http://deposit.ddb.de/cgi-bin/dokserv?idn=974033537&dok_var= d1&dok_ext=pdf&filename=974033537.pdf, 01.02.2011.

[13] Vgl. Winter, S. (2005): Mitarbeiterzufriedenheit und Kundenzufriedenheit – Eine mehrebenanalytische Untersuchung der Zusammenhänge auf Basis multidimensionaler Zufriedenheitsmessung, S. 7, abgerufen unter:

Im weiteren Verlauf dieser Arbeit werden die Themenfelder Mitarbeiterzufriedenheit und Kundenzufriedenheit gesondert behandelt. Jeweils vorangestellt ist eine definitorische Grundlage. Hieran lassen sich dann der Entstehungsprozess und anschließend die Folgen und Auswirkungen von Mitarbeiterzufriedenheit und Kundenzufriedenheit erläutern. Vorwegzunehmen ist dabei, dass beide Konstrukte zum wirtschaftlichen Erfolg eines Unternehmens beitragen, weshalb die Auseinandersetzung mit den Einflussfaktoren als umso wichtiger erscheint. Das Substitut Konstrukt findet auch im weiteren Verlauf für die Begriffe Mitarbeiter- und Kundenzufriedenheit Verwendung. Mit dem Substitut werden Erscheinungen und Prozesse bezeichnet, die nicht unmittelbar beobachtbar sind, sondern nur über bestimmte Folge- bzw. Begleiterscheinungen erschlossen werden können.[14]

Auf Basis dieser Wissensgrundlage schließt sich der praktische Teil an. Hierbei werden die theoretischen Grundlagen in die Praxis umgesetzt, sodass Auswirkungen der Mitarbeiterzufriedenheit auf die Kundenzufriedenheit verdeutlicht werden können.

---

http://deposit.ddb.de/cgi-bin/dokserv?idn=974033537&dok_var=
d1&dok_ext=pdf&filename=974033537.pdf, 01.02.2011.

[14] Vgl. Brunner, R./Zeltner, W. (1980): Lexikon zur pädagogischen Psychologie und Schulpädagogik, S.120f.

## 4. Mitarbeiterzufriedenheit

Dieses Kapitel soll zunächst einmal auf die Grundlagen der Mitarbeiterzufriedenheit eingehen, damit im späteren Verlauf eine einheitliche Begrifflichkeit als Voraussetzung für den Zusammenhang beider Konstrukte existiert. Es soll geklärt werden, wie sich die Mitarbeiterzufriedenheit zusammensetzt und welche Faktoren sie beeinflusst. Dem vorangestellt folgt zunächst die Suche nach einer Definition für dieses Konstrukt.

### 4.1. Definition der Mitarbeiterzufriedenheit

Um den Begriff der Mitarbeiterzufriedenheit zu definieren, ist es zunächst einmal notwendig, das Konstrukt Zufriedenheit näher zu beleuchten. *Scharnbacher* und *Kiefer*[15] definieren Zufriedenheit als psychologisches Phänomen, von dem alle Menschen eine mehr oder minder genaue, wenn auch individuell unterschiedliche Vorstellung haben. Sie verbinden damit positive Empfindungen wie glücklich, wohlfühlen, klaglos, befriedigt, satt oder freudig. Überträgt man diese Definition auf wirtschaftliche Austauschprozesse, so stellt die Zufriedenheit die emotionale Reaktion eines Kunden auf eine unternehmerische Leistung dar.

In der Literatur werden häufig die Bezeichnungen Arbeitszufriedenheit und Mitarbeiterzufriedenheit gleichermaßen verwendet. Die Wahl des Begriffes scheint von der Präferenz des jeweiligen Autors abzuhängen, weil sich inhaltlich keine signifikanten Unterschiede zeigen. Da aus den Begriffen Mitarbeiterzufriedenheit und Kundenzufriedenheit das gemeinte Individuum ersichtlich wird, erscheint für den weiteren Verlauf die Verwendung des Begriffs Mitarbeiterzufriedenheit als folgerichtig.

---

[15] Vgl. Scharnbacher, K./Kiefer, G. (2003): Kundenzufriedenheit, S. 5.

Der Begriff Mitarbeiterzufriedenheit stellt bei oberflächlicher Betrachtung einen psychischen Zustand dar. Jedoch stellt es sich als schwierig heraus, gezielt aufzuzeigen, wodurch diese Zufriedenheit zustande kommt, da Mitarbeiter grundsätzlich mit manchen Dingen mehr und mit anderen Dingen weniger zufrieden sind. Das ist auch der Grund dafür, warum das Konstrukt keine genaue Definition zulässt. Besonders deutlich wird dies an der Vielzahl von unterschiedlichen Begriffsbestimmungen. Bereits Ende der 1960er Jahre gab es an die 4.000 Artikel für das Synonym Arbeitszufriedenheit, wobei europäische Studien bei dieser Zählung noch nicht einmal inbegriffen waren.[16]

Arbeitszufriedenheit wird mit dem englischsprachigen „Job Satisfaction" gleichgesetzt und als Zufriedenheit mit allen Aspekten eines Arbeitsverhältnisses gesehen. Somit geht es bei der Ermittlung nicht um einen objektiven beziehungsweise personenunabhängigen Zustand, sondern um die Bewertung eines Mitarbeiters.[17]

Die älteste operationale Definition von Mitarbeiterzufriedenheit ist von *Hoppock*.[18] Er betrachtet das Konstrukt als Kombination psychologischer, physiologischer und situativer Bedingungen, die den Mitarbeiter zu der ehrlichen Äußerung veranlassen, mit seiner Arbeit zufrieden zu sein. Auch *Smith et al.*[19] gehen von der folgenden einfach gehaltenen Definition aus: „Job satisfactions are feelings or affective responses to face of the situation". In anderen Definitionen stehen diverse sozialwissenschaftliche Begrifflichkeiten im Vordergrund. So definiert bei-

---

16  Vgl. Wasilewski, R. (1979): Versuch über Führungszufriedenheit, S. 79.
17  Vgl. Neuberger, O./Allerbeck, M. (1978): Messung und Analyse von Arbeitszufriedenheit, S. 16.
18  Vgl. Hoppock, R. (1935): Job satisfaction, S. 47.
19  Vgl. Smith, P. C./Kendall, L. M./Hucir, C. L. (1969): The measurement of satisfaction in work and retirement, S. 6.

spielsweise *Bruggemann*[20] Mitarbeiterzufriedenheit als Einstellung zum Arbeitsverhältnis, die eine erlebnismäßige Folge davon ist, wie der Arbeitende seine Arbeit und betriebliche Umwelt in Bezug auf seine eigenen Interessen zu spüren bekommt. Bei *Locke*[21] erzeugen individuelle Werthaltungen den Bezugspunkt. Demnach ist Mitarbeiterzufriedenheit das Ergebnis „... aus der Wahrnehmung, dass die eigene Arbeit die für wichtig gehaltenen arbeitsbezogenen Werte erfüllt oder ihre Erfüllung erlaubt."

Einen sehr guten Ansatz, um die Vielzahl der Theorien systematisch einzuordnen, liefert *Neuberger*.[22] Er unterscheidet die verschiedenen Definitionsansätze in vier Kategorien. In der ersten Kategorie differenziert er zwischen bedürfnisorientierten Konzeptionen, welche dem homöostatischen Prinzip folgen. Hierbei versuchen die Mitarbeiter, ihr inneres Gleichgewicht wiederherzustellen und einen subjektiv befriedigenden Zustand zu erreichen. Somit ist erst dann von Zufriedenheit zu sprechen, wenn die Mitarbeiter unter Berücksichtigung ihrer Erfahrungen wissen, dass sie in der Lage sind, ihre Wünsche zu verwirklichen. Die zweite Kategorie bilden die anreiztheoretischen Konzeptionen. Bei ihnen stehen Aspekte der äußeren Arbeitssituation im Vordergrund. Es geht also um die Frage, wie zufrieden die Mitarbeiter mit ihrem Arbeitsumfeld sind. Sie bewerten ihre Arbeitssituation auf der Dimension „angenehm – unangenehm". Die dritte Kategorie befasst sich mit rationalen Komponenten von Verhaltensweisen. Dabei nimmt der Mitarbeiter die zukünftigen Entwicklungen gedanklich vorweg, um sich auf diese einzurichten. Im Unterschied zur zweiten Kategorie strebt der Mensch nicht nur nach Lustmaximierung, sondern nach

---

[20]   Vgl. Bruggemann, A. (1974): Zur Unterscheidung verschiedener Formen von „Arbeitszufriedenheit", in: Arbeit und Leistung, Heft 28, S. 281.

[21]   Vgl. Locke, E. A. (1976): The nature and causes of job satisfaction, in: Dunette, M. D.: Handbook of Industrial and Organizational Psychology, S. 1.307.

[22]   Vgl. Neuberger, O. (1974a): Theorien der Arbeitszufriedenheit, S. 142ff.

einem kognitiven Gleichgewicht. Die letzte Kategorie ist die humanistische Konzeption. Da hierauf im Kapitel 4.3. näher eingegangen wird, sei an dieser Stelle nur kurz erwähnt, dass hier das Streben des Mitarbeiters nach Sinnerfüllung und Selbstverwirklichung im Vordergrund steht.

Abschließend bleibt festzuhalten, dass Mitarbeiterzufriedenheit nicht eindeutig definierbar ist, da keine allgemein gültige Antwort existiert. Ein wesentlicher Grund hierfür ist, dass das Wohlbefinden der Mitarbeiter immer im Zusammenhang mit den wirtschaftlichen, politischen und gesellschaftlichen Gegebenheiten steht.[23] Dennoch bieten die aufgezeigten Ansätze einen Orientierungsrahmen für das Verständnis mit diesem Konstrukt.

## 4.2. Entstehung der Mitarbeiterzufriedenheit

In der Mitarbeiterzufriedenheitsforschung hat insbesondere das Modell von *Bruggemann*[24] viel Beachtung gefunden. Das Ziel war es, mit dem Modell eine Erklärung für die verschiedenen Formen der Mitarbeiterzufriedenheit zu finden. Es hat sich jedoch erwiesen, dass darüber hinaus auch eine Übertragung der beschriebenen Prozesse auf das Phänomen der Kundenzufriedenheit möglich ist.[25]

Wie Abbildung 1 verdeutlicht, basiert *Bruggemanns* Herangehensweise darauf, dass sie verschiedene Möglichkeiten bezüglich der Mitarbeiterzufriedenheit ableitet. Sie geht hierbei von einem kognitiven Soll-Ist-Wert-Vergleich, welcher individuell immer und immer wieder neu vollzogen wird, als Basis ihrer Überlegungen aus. Sofern der Ist-Wert

---

23 Vgl. Walter-Busch, E. (1977): Arbeitszufriedenheit in der Wohlstandsgesellschaft, S. 3.

24 Vgl. Bruggemann, A. (1975): Messung der Arbeitszufriedenheit, in: Psychologie Heute, Ausgabe August, S. 47ff.

25 Vgl. Stauss, B./Neuhaus, P. (1997): The qualitative satisfaction model, in: International Journal of Service Industry Management, Heft 8, S. 236ff.

dem Soll-Wert entspricht, entsteht hierbei ein Zustand stabilisierender Zufriedenheit. Sollte der Ist-Wert den Soll-Wert unterschreiten, entsteht ein Zustand diffuser Unzufriedenheit.[26]

Im Falle stabilisierender Zufriedenheit kann die nunmehr zu erwartende Ausweitung des Anspruchsniveaus zwei verschiedene Entwicklungsrichtungen der Einstellung Mitarbeiterzufriedenheit mit sich bringen. So hat der Mitarbeiter die Möglichkeit, sein Anspruchsniveau zu erhöhen. In diesem Fall führt das zur progressiven Zufriedenheit. Die Gründe für eine Erhöhung des Anspruchsniveaus können sich entweder auf vorherige Erfahrungen beziehen oder liegen in bisher noch nicht da gewesenen Bedürfnissen des Mitarbeiters (vgl. *Maslows* Bedürfnispyramide im Kapitel 4.3.2.1.). Die Alternative zur progressiven Mitarbeiterzufriedenheit ist die stabilisierende Mitarbeiterzufriedenheit. Diese Variante ergibt sich, wenn die der Befriedigung und Stabilisierung folgende Erweiterung der Bedürfnisse sich nicht auf die Mitarbeitersituation, sondern auf andere Lebensbereiche konzentriert.[27]

---

[26]  Vgl. Bruggemann, A./Groskurth, P./Ulrich, E. (1975): Arbeitszufriedenheit, S. 132f.

[27]  Vgl. Bruggemann, A./Groskurth, P./Ulrich, E. (1975): Arbeitszufriedenheit, S. 132f.

**Abbildung 1:  Entstehung verschiedener Formen der Mitarbeiter-zufriedenheit**

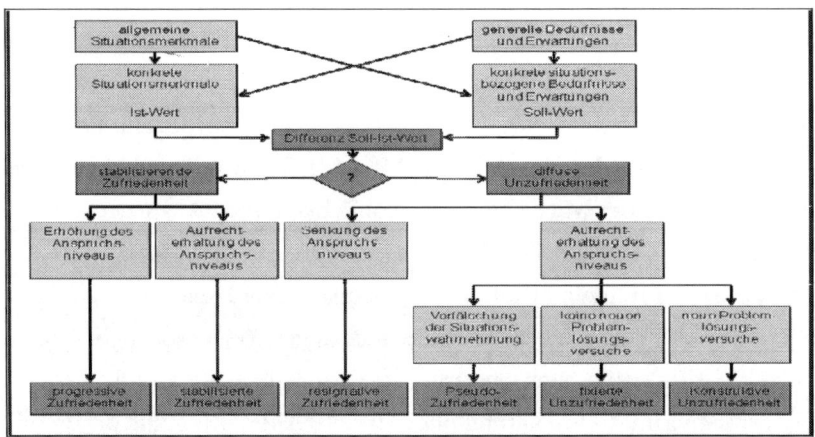

Quelle:  Bruggemann, A./Groskurth, P./Ulrich, E. (1975): Arbeitszufriedenheit, S. 134f.

Im Falle diffuser Unzufriedenheit wird der Versuch unternommen, die hieraus entstehende kognitive Dissonanz abzubauen. Dafür kann der Mitarbeiter das Anspruchsniveau bewusst oder unbewusst absenken. In beiden Fällen führt sein Verhalten zur resignativen Zufriedenheit. Der Mitarbeiter hat jedoch auch Alternativen zur Aufrechterhaltung des Anspruchsniveaus. Eine Möglichkeit dafür besteht in einer Verfälschung der Situationswahrnehmung. Hierbei wird der wahrgenommene Ist-Zustand an das Anspruchsniveau angepasst und führt somit zur Pseudo-Zufriedenheit. Eine weitere Möglichkeit besteht in der Unterlassung weiterer Problemlösungsversuche. Dies führt zur fixierten Unzufriedenheit. Die letzte Möglichkeit für den Mitarbeiter besteht darin, neue Problemlösungsversuche zu unternehmen. Bis zu dem Zeitpunkt, wenn er das beispielsweise durch Beschwerden oder einer

Steigerung des Arbeitseinsatzes erreicht hat, spricht man von konstruktiver Unzufriedenheit.[28]

Die zentrale Erkenntnis aus dem Modell von *Bruggemann* liegt in der Differenzierung unterschiedlicher Zufriedenheitsformen. Weiterhin hat sich gezeigt, dass Mitarbeiterzufriedenheit von unterschiedlicher Qualität ist und somit zu unterschiedlichem Verhalten führt. Sowohl der progressiv zufriedene als auch der resignativ zufriedene Mitarbeiter beschreiben sich als zufrieden, sie zeigen jedoch kaum vergleichbares emotionales Erleben und zukünftiges Verhalten.[29]

*Neuberger* und *Allerbeck*[30] stehen dem Modell von *Bruggemann* allerdings skeptisch gegenüber. Ihrer Meinung nach ist das Modell nicht ausreichend präzisiert, so geht nicht daraus hervor, unter welchen Bedingungen Änderungen des Anspruchsniveaus bzw. die unterschiedlichen Formen der Problembearbeitung eingesetzt werden. Dem schließt sich auch *Werner*[31] an und behauptet, dass sich das Anspruchsniveau eines Individuums mit seinen jeweiligen Erfahrungen verändert. Das bedeutet im Extremfall, dass der Mitarbeiter, der in der Regel unter einem extrem dominanten Führungsstil geführt wird und dann ein wenig behutsamer behandelt wird, zufriedener ist als derjenige, der gleichbleibend unter objektiv günstigeren Umständen lebt. Somit ist eine Vorhersage der ablaufenden Prozesse und der resultierenden Zufriedenheitsform schwierig. Zudem war in einem Versuch der Messung, bei der von *Bruggemann* vorgenommenen Einteilung in sechs unterschiedliche Zufriedenheitsformen, die theoretisch geforderte

---

[28] Vgl. Bruggemann, A./Groskurth, P./Ulrich, E. (1975): Arbeitszufriedenheit, S. 133ff.

[29] Vgl. Gebert, D./Rosenstiel, L. von (1996): Organisationspsychologie, S. 79.

[30] Vgl. Neuberger, O./Allerbeck, M. (1978): Messung und Analyse von Arbeitszufriedenheit, S. 168.

[31] Vgl. Werner, R. (1974): Zur Problematik subjektiver Indikatoren, in: W. Zapf (Hrsg.): Soziale Indikatoren, Frankfurt am Main, Bd. 2, S. 269.

Klassifikation korrelationsstatistisch und faktorenanalytisch nicht replizierbar.[32] *Gebert* und *von Rosenstil*[33] sehen hingen allein die Anregung zur Auseinandersetzung mit möglichen unterschiedlichen Zufriedenheitsformen sowie die prozessbehaftete Betrachtungsweise von Zufriedenheit als besonders positiv an. Denn dadurch können die unterschiedlichen Qualitäten von Zufriedenheit beispielsweise einen Erklärungsansatz dafür bieten, dass in Studien zur Mitarbeiterzufriedenheit in der Regel mindestens zwei Drittel der Befragten mit ihrer Arbeitssituation sehr zufrieden oder zufrieden sind. Darüber hinaus bietet das Modell einen Erklärungsansatz für die unterschiedlichen Verhaltensweisen von Mitarbeitern bei identischem Zufriedenheitsniveau.

## 4.3. Folgen und Auswirkungen von Mitarbeiterzufriedenheit

Um die besondere Relevanz der Mitarbeiterzufriedenheit in der Unternehmenspraxis zu verdeutlichen, sollen in diesem Abschnitt die in der Literatur diskutierten Folgen und Auswirkungen von Mitarbeiterzufriedenheit untersucht werden.

In diesem Zusammenhang finden sich in der Literatur einerseits psychologische Konstrukte, wie beispielsweise das organisationale Commitment, oder verschiedene Theorien zur Mitarbeitermotivation. Andererseits findet man aber auch Forschungsbefunde zur konkreten Verhaltenswirkung der Mitarbeiterzufriedenheit, wie beispielsweise Arbeitsleistung oder Fluktuation und Fehlzeiten. Als indirekte Folgewirkung wird hierbei der wirtschaftliche Erfolg eines Unternehmens angesehen.

---

[32] Vgl. Neuberger, O./Allerbeck, M. (1978): Messung und Analyse von Arbeitszufriedenheit, S. 168.

[33] Vgl. Gebert, D./Rosenstiel, L. von (1996): Organisationspsychologie, S. 79.

## 4.3.1. Mitarbeiterzufriedenheit und organisationales Commitment

Organisationales Commitment beschreibt, in welchem Ausmaß sich der einzelne Mitarbeiter seinem Unternehmen oder Teilen seines Unternehmens zugehörig und verbunden fühlt.[34] Zudem zeigt es den Wunsch des Mitarbeiters, die Arbeitstätigkeit im Unternehmen fortzusetzen. Der Mitarbeiter beurteilt somit das Unternehmen und seine Ziele als grundsätzlich positiv und ist bestrebt, selbst einen Beitrag zum Erreichen der Unternehmensziele beizusteuern.[35]

Eine übersichtlichere Variante der eingangs genannten Definition kann in einem Drei-Komponenten-Modell zusammengefasst werden. Die erste Komponente bildet dabei das affektive Commitment. Im Sinne der Verbundenheit des Mitarbeiters stehen hierbei das Wünschen und das Wollen im Vordergrund. Die zweite Komponente ist das kalkulatorische Commitment. Demnach basiert die Bindung des Mitarbeiters darauf, dass er vernünftigerweise im Unternehmen bleiben sollte. Die letzte Komponente wird als normatives Commitment bezeichnet. Hierbei besteht der Glauben des Mitarbeiters darin, einer sozialen und ethischen Norm entsprechen zu müssen. Bei allen Formen des Commitments wird unterstellt, dass alle drei Bindungsmechanismen gleichzeitig und in unterschiedlichen Ausprägungen vorliegen können.[36]

In einer Vielzahl von Untersuchungen konnte eine durchgängig hohe Korrelation zwischen Arbeitszufriedenheit und Commitment belegt

---

[34] Vgl. Dick, R. van (2004): Commitment und Identifikation mit Organisationen, S. 3.

[35] Vgl. Winter, S. (2005): Mitarbeiterzufriedenheit und Kundenzufriedenheit – Eine mehrebenanalytische Untersuchung der Zusammenhänge auf Basis multidimensionaler Zufriedenheitsmessung, S. 46, abgerufen unter: http://deposit.ddb.de/cgi-bin/dokserv?idn=974033537&dok_var= d1&dok_ext=pdf&filename=974033537.pdf, 01.02.2011.

[36] Vgl. Felfe, J./Six, B. (2006): Die Relation von Arbeitszufriedenheit und Commitment, in: Fischer, L. (Hrsg.): Arbeitszufriedenheit, S. 38.

werden. So wies die Studie von *Lee* und *Mowday* im Jahre 1987 ein Korrelationsmaß von p= .70 auf.[37] Eine weitere Studie von *Moser* und *Schuler* aus dem Jahr 1993 zeigte ein Korrelationsmaß von p= .50.[38] Und auch neun Jahre später zeigten *Meyer et al.* noch immer einen ähnlich hohen Zusammenhang von p= 65 zwischen globaler Arbeitszufriedenheit und organisationalem Commitment.[39]

Die hohe Übereinstimmung zwischen Commitment und Arbeitszufriedenheit lässt sich insbesondere auf emotionale Bewertungen der Arbeit als gemeinsame Grundlage zurückführen. Auch für deutsche Stichproben lassen sich die Befunde mit ähnlich hoher Konsistenz bestätigen. Der Grund für die nicht vollständige Redundanz liegt dabei im kulturellen und organisationalem Kontext.[40]

### 4.3.2. Motivationstheorien zur Mitarbeiterzufriedenheit

Bevor sich dieses Kapitel damit befasst, wie die verschiedenen Motivationstheorien zur Erklärung der Mitarbeiterzufriedenheit führen, soll vorerst der Begriff Motivation definiert werden.

Der Begriff Motiv entstammt aus dem lateinischen Wort „motus" und bedeutet Beweggrund oder Antrieb.[41] In der klassischen Motivationspsychologie versteht man unter Motivation das Ausmaß, in dem ein Motiv durch die Anreizmomente einer Situation angeregt wird.[42] Grundlegend wird zwischen intrinsischer und extrinsischer Motivation

---

[37]  Vgl. Lee, T./Mowday, R. (1987): Voluntary leaving an organization, S. 721ff.

[38]  Vgl. Moser, K./Schuler, H. (1993): Validität einer deutschsprachigen Involvement-Skala, in: Zeitschrift für Differentielle und Diagnostische Psychologie, Nr. 14, S. 27ff.

[39]  Vgl. Felfe, J./Six, B. (2006): ): Die Relation von Arbeitszufriedenheit und Commitment, in: Fischer, L. (Hrsg.): Arbeitszufriedenheit, S. 45.

[40]  Vgl. Felfe, J./Six, B. (2006): Die Relation von Arbeitszufriedenheit und Commitment, in: Fischer, L. (Hrsg.): Arbeitszufriedenheit, S. 46.

[41]  Vgl. Herkner, W. (1986): Einführung in die Sozialpsychologie, S. 191.

[42]  Vgl. Kuhl, J. (2010): Lehrbuch der Persönlichkeitspsychologie, S. 266.

in Bezug auf einen Mitarbeiter unterschieden. Intrinsisch motiviert ist jemand, der eine Aktivität als selbstbestimmt erlebt, weil er sich mit der Aufgabe identifiziert. Im Gegensatz dazu definiert sich die extrinsische Motivation als Anreiz, eine Aufgabe zu vollziehen nicht von der Person selbst, sondern durch andere äußere Einflüsse.[43]

Mitarbeiterpsychologische Motivationstheorien beschäftigen sich mit der Frage, was Mitarbeiter dazu bringt, ihre Leistungsbereitschaft, Kreativität oder Innovationskraft zu erhöhen. Der Fokus der Aufmerksamkeit liegt dabei zunächst auf dem einzelnen Individuum. Da es aber teilweise auch in der Macht des Unternehmens liegt, zur Befriedigung dieser Bedürfnisse beizutragen, liefern sie darüber hinaus wichtige Anregungen für die Gestaltung von Arbeitsbedingungen sowie für die Führung von Mitarbeitern. Zu differenzieren sind Inhaltstheorien, die sich vor allem mit der Definition spezifischer Motive beschäftigen und diese in eine Ordnung bringen, von Prozesstheorien, die ihren Schwerpunkt auf die Erklärung des Zustandekommens einer Motivation legen.[44] Nachfolgend wird ausschließlich auf die Inhaltstheorien eingegangen, da diese einen direkten Einfluss auf die Zufriedenheit des Mitarbeiters haben.

### 4.3.2.1. Die Motivationstheorie von Maslow

*Maslows* Ziel war es, eine Theorie zu entwickeln, die in der Lage ist, die Motivation des gesunden Menschen zu erklären. Die Ergebnisse seiner Theorie entspringen aus psychologischer und klinischer Beobachtungen sowie experimentalpsychologischer Befunde.[45] *Maslow* unterscheidet fünf verschiedene Bedürfnisse. Er stellt die von ihm festgelegten

---

[43]   Vgl. Heckhausen, J./Heckhausen, H. (2006): Motivation und Handeln, S. 335.

[44]   Vgl. Schuler, H. (2004): Lehrbuch Organisationspsychologie, S. 69.

[45]   Vgl. Bruggemann, A./Groskurth, P./Ulrich, E. (1975): Arbeitszufriedenheit, S. 20.

Bedürfnisse anhand einer Pyramide dar, deren Spitze höhere psychische und deren Basis elementare Bedürfnisse unterscheiden.[46]

**Abbildung 2:    Bedürfnispyramide nach Maslow**

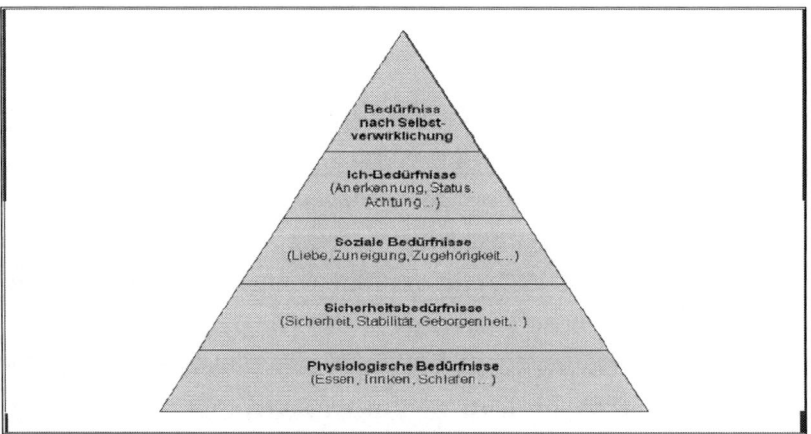

Quelle:    Maslow A. H. (1978): Motivation und Persönlichkeit, S. 74ff.

Weiterhin geht er davon aus, dass diese Bedürfnisse in einer hierarchischen Ordnung stehen und übergeordnete Bedürfnisse erst dann befriedigt werden können, wenn untergeordnete Bedürfnisse befriedigt sind.[47]

Die ersten vier Bedürfnisse sind die Defizitmotive. Hier geht es in erster Linie um die Defizit- bzw. Mangelbeseitigung.[48] Auf der niedrigsten Ebene befinden sich die psychologischen Bedürfnisse. Kann der Einzelne diese Bedürfnisse nicht hinreichend befriedigen, so dominieren sie seine Wahrnehmung und sein Denken. Erst zu dem Zeitpunkt, wo die psychologischen Bedürfnisse zu einem nicht näher spezifizierten Grad befriedigt sind, erwachen in dem Individuum die Motive der nächsten Hierarchieebene, die der Sicherheitsbedürfnisse. Auch hier

---

46    Vgl. Kuhl, J. (2010): Lehrbuch der Persönlichkeitspsychologie, S. 214.
47    Vgl. Weinert, A. B. (2004): Organisations- und Personalpsychologie, S. 191.
48    Vgl. Maslow, A. H. (1973): Psychologie des Seins, S. 37f.

wird in der Theorie zunächst eine hinreichende Befriedigung vorausgesetzt, bevor auf der dritten Hierarchieebene die sozialen Bedürfnisse aktiviert werden können. Ist der Einzelne auf dieser Ebene angelangt, wird sein Handeln durch das Streben bestimmt, von anderen Menschen gemocht zu werden und in soziale Gruppen integriert zu sein. Ist auch dies weitestgehend realisiert, schließen sich auf der vorletzten Ebene die Ich-Bedürfnisse an. Hier geht es dem Individuum vor allem um sein Selbstbild, also die Beurteilung der Person durch sich selbst sowie die Beurteilung durch andere Menschen, wie bspw. den Kollegen. Auf der letzten Ebene folgt schließlich das Bedürfnis nach Selbstverwirklichung. Hierbei handelt es sich im Gegensatz zu den vier zuvor beschriebenen Ebenen um ein Wachstumsmotiv, das grenzenlos und unstillbar ist.[49]

In der Wissenschaft gibt es eine Vielzahl von Versuchen, um die Theorie der Bedürfnishierarchie auf organisationspsychologische Fragestellungen zu übertragen. Im Mittelpunkt stehen dabei zum Beispiel die Fragen, wie Arbeitsbedingungen im Sinne der Ausführungen von *Maslow* menschlicher gestaltet werden können oder wie sich die verschiedenen Bedürfnisse auf das Arbeitsverhalten auswirken können. *Maslow* selbst vertritt die Auffassung, dass ein Unternehmen alles Mögliche in Angriff nehmen sollte, um seinen Mitarbeitern die Erreichung der höchsten Stufe zu ermöglichen.[50] Demnach sollten nach *Weinert*[51] folgende inhaltliche Aspekte vorhanden sein: Die Arbeitssituation sollte geistig anspruchsvoll sein, Gelegenheit zur Interessen- und Fähigkeitserweiterung bieten, den Mitarbeitern ein Gefühl der Wertschätzung bieten, ein Erfolgsgefühl vermitteln, den psychischen und physischen Bedürfnissen entsprechen und es sollte ein Führungs-

---

[49]   Vgl. Schuler, H. (2004): Lehrbuch Organisationspsychologie, S. 69f.
[50]   Vgl. Schuler, H. (2004): Lehrbuch Organisationspsychologie, S. 70.
[51]   Vgl. Weinert, A. B. (1992): Lehrbuch der Organisationspsychologie, S. 296ff.

stil vorherrschen, der zum einen die Selbstverantwortung bzw. Eigen-
initiative der Mitarbeiter und zum anderen deren Eigenentwicklung
fördert. Genau diese Aspekte deuten in Bezug auf die organisationspsychologische Motivation auf einige Kritikpunkte am Modell von
*Maslow*. So geht *Weinert*[52] weiter davon aus, dass innerhalb bestimmter
Grenzen arbeitende Menschen eine Substitution hinsichtlich der Befriedigung verschiedener Bedürfnisse vornehmen werden. Diese Aussage belegt er anhand von Studien, wonach Mitarbeiter, sobald ihnen
von dem Unternehmen Arbeitsplatzsicherheit garantiert wurde, sehr
oft die Befriedigung sozialer und egoistischer Bedürfnisse zurückstell-
ten. Voraussetzung dafür war, dass sie eine ansehnliche Zulage in ihrer
Entlohnung als Kompensation erhielten. Sein zweiter Kritikpunkt besteht darin, dass *Maslow* seiner Meinung nach unscharfe Kategorien
gewählt hat, da verschiedene Ebenen im Sinne der Bedürfnisse sich
einfach überlappen und somit ein individuelles Bedürfnis (bspw. Bezahlung bzw. Einkommen) gleichzeitig in mehrere Ebenen fallen kann.
Weiterhin stellt er fest, dass bei verschiedenen Berufsgruppen innerhalb eines Unternehmens die Konzentration auf die Leistungsbedürfnisse unterschiedliche Ausmaße hat. Es zeigt sich, dass beispielsweise
Buchhalter stärker darauf bedacht sind, befördert zu werden, wohingegen Ingenieure größeren Wert auf die Leistungsbedürfnisse am
Arbeitsplatz legen.

Die Kritikpunkte sind durchaus berechtigt, dennoch dürfen die positiven Bestandteile des Maslowschen Modells nicht vernachlässigt werden. Es wird seit mehr als 60 Jahren in der Wissenschaft sowie in der
Praxis breit diskutiert und besitzt auch heute noch eine gewisse Bedeutung. Das Grundverständnis konnte an andere Motivationsforscher
weitergegeben werden. Diese griffen den Grundgedanken auf und im
Laufe der Jahre konnten verschiedene alternative Modelle, welche an-

---

52    Vgl. Weinert, A. B. (1998): Organisationspsychologie, S. 145f.

dere Motivklassen, meist ohne strenge Hierarchie zwischen den Klassen, entwickelt werden.[53] Ein Alternativmodell ist die ERG-Theorie von *Alderfer*, auf die im weiteren Verlauf eingegangen werden soll.

## 4.3.2.2. ERG-Theorie nach Alderfer

*Alderfer* war der Meinung, dass die Bedürfnispyramide von *Maslow* der Theorie der spezifischen Anwendung auf Mitarbeiter in Unternehmen nicht gerecht wird. Aus diesem Grund entwickelte er auf Basis des Modells von *Maslow* eine abgewandelte Bedürfnistheorie der Unternehmenspsychologie.[54] Hierbei fasste er in einem ersten Schritt die fünf Bedürfnisklassen von *Maslow* zu drei verschiedenen Ebenen von Grundbedürfnissen zusammen.[55]

Das erste Bedürfnis nennt er Existenzbedürfnis. Hierbei fasst er psychologische und materielle Bedürfnisse zusammen. Im zweiten Bedürfnis, dem sogenannten Beziehungsbedürfnis, stehen soziale Kontakte, Achtung und Wertschätzung im Mittelpunkt seiner Theorie. Das letzte Bedürfnis beinhaltet das Bedürfnis nach geistig seelischem Wachstum, Selbstachtung und Selbstverwirklichung. *Alderfer* vereinigt diese unter dem Namen Wachstumsbedürfnis.[56] Zur Verdeutlichung fasst Abbildung 3 diese Zusammenhänge in Bezug auf die Theorie von *Maslow* zusammen.

---

[53]  Vgl. Winter, S. (2005): Mitarbeiterzufriedenheit und Kundenzufriedenheit – Eine mehrebenenanalytische Untersuchung der Zusammenhänge auf Basis multidimensionaler Zufriedenheitsmessung, S. 23, abgerufen unter: http://deposit.ddb.de/cgi-bin/dokserv?idn=974033537&dok_var= d1&dok_ext=pdf&filename=974033537.pdf, 01.02.2011.

[54]  Vgl. Weinert, A. B. (2004): Organisations- und Personalpsychologie, S. 193.

[55]  Vgl. Alderfer, C. P. (1972): Existence, relatedness, and growth, S. 9ff.

[56]  Vgl. Alderfer, C. P. (1972): Existence, relatedness, and growth, S. 9ff.

**Abbildung 3:    Zusammenhang von Maslow und Alderfer**

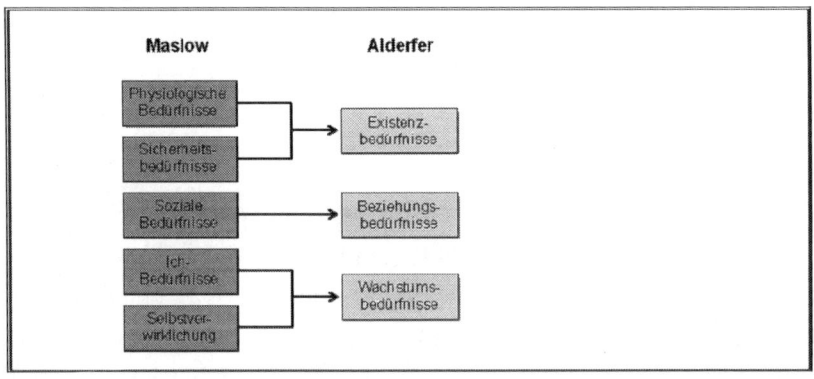

Quelle:    Eigene Darstellung.

Als zweite wesentliche Änderung geht die ERG-Theorie nicht nur von dem Einfluss eines Bedürfnisses auf das nächst höhere aus, da *Alderfer* eine sogenannte Frustrations-Regressions-Hypothese einfügt. Das bedeutet, dass nicht zwingend ein Bedürfnis befriedigt sein muss, um das nächst höhere zu erreichen. Es kann auch ein Rückzug auf die nächst niedrigere Stufe erfolgen, sobald die Befriedigung der Bedürfnisse der oberen Ebene blockiert ist (=Frustration). Nach dieser Frustrationshypothese wird wohl das Ausmaß eines Bedürfnisses durch Frustration desselben erhöht. Darüber hinaus besteht jedoch keine zwingend notwendige Verbindung zwischen den Bedürfnissen der verschiedenen Kategorien. Somit dienen auch bereits zufriedengestellte Bedürfnisse noch als Motivatoren, solange sie ersetzbar für noch unbefriedigte Bedürfnisse sind.[57] Die folgenden sieben Aussagen verdeutlichen die dynamischen Eigenschaften des Alderferschen Modells. Sie zeigen, wie sie die Bedingungen einer Zunahme beziehungsweise Abnahme der Motiv-Bedeutsamkeiten betreffen.[58]

---

[57]    Vgl. Weinert, A. B. (2004): Organisations- und Personalpsychologie, S. 194.
[58]    Vgl. Alderfer, C. P. (1972): Existence, relatedness, and growth, S. 13.

1) Umso weniger die Existenzbedürfnisse befriedigt sind, desto stärker werden sie.

2) Umso weniger die Beziehungsbedürfnisse befriedigt sind, desto stärker werden die Existenzbedürfnisse.

3) Umso mehr die Existenzbedürfnisse befriedigt sind, desto stärker werden die Beziehungsbedürfnisse.

4) Umso weniger die Beziehungsbedürfnisse befriedigt sind, desto stärker werden sie.

5) Umso weniger die Wachstumsbedürfnisse befriedigt sind, desto stärker werden die Beziehungsbedürfnisse.

6) Umso mehr die Beziehungsbedürfnisse befriedigt sind, desto stärker werden die Wachstumsbedürfnisse.

7) Umso mehr die Wachstumsbedürfnisse befriedigt sind, desto stärker werden sie.

Aufgrund dieser Dynamik berücksichtigt die ERG-Theorie Wechselwirkungen zwischen verschiedenen Bedürfnissen sehr viel umfassender als die Theorie von *Maslow*. Des Weiteren können Bedürfnisse aus unterschiedlichen Bedürfnisebenen gleichzeitig wirksam sein. Begründet wird dies mit der Abhängigkeit eines Bedürfnisses von der Befriedigung bzw. Frustration der unteren oder oberen Bedürfnisebene.[59]

Auch wenn empirische Überprüfungsversuche darauf hindeuten, dass die ERG-Theorie eine geringfügig größere Erklärungskraft hat als die

---

[59]    Vgl. Jost, P. J. (2008): Organisation und Motivation, S. 29.

Bedürfnispyramide von *Maslow*, ließ sich eine Allgemeingültigkeit der Grundaussagen bisher nicht feststellen.[60]

### 4.3.2.3. Zwei-Faktoren-Theorie von Herzberg, Mausner & Snyderman

In den zuvor beschriebenen Modellen von *Maslow* und *Alderfer* bestand die Klassifikation in Motiven beziehungsweise Bedürfnissen. Anders sieht es bei der Zwei-Faktoren-Theorie von *Herzberg u.a.* aus. Diese wurde durch die Klassifizierung von Bedingungen, welche mit der Entstehung von Zufriedenheit verknüpft sind, bekannt. Auch wenn dieses Zufriedenheitsmodell auf den Grundannahmen von *Maslow* aufbaut, interpretiert es Zufriedenheit jedoch als zweifaktorielles Konstrukt.[61] Das Ziel der Arbeiten von *Herzberg u.a.* war die Untersuchung der Frage, welche Arbeitsbedingungen bei Mitarbeitern Zufriedenheit bzw. Unzufriedenheit mit ihrer Arbeit hervorrufen.[62]

Den Zusammenhang der drei Modelle zeigt Abbildung 4.

---

[60] Vgl. Berthel, J./Becker, F. G. (2010): Personal-Management, S. 53.

[61] Vgl. Herzberg, F./Mausner, B./Snyderman, B. B. (1967): The Motivation to Work, S. 59ff.

[62] Vgl. Jost, P. J. (2008): Organisation und Motivation, S. 29.

**Abbildung 4:**  Zusammenhang von Maslow, Alderfer und Herzberg

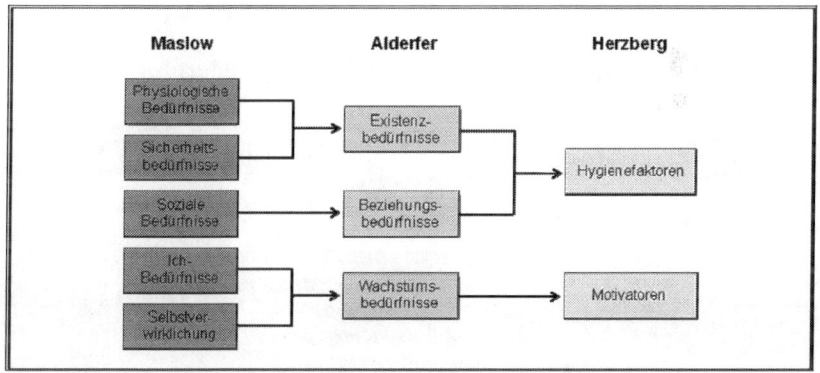

Quelle:  Eigene Darstellung.

In der Pittsburgh-Studie wurden circa 200 technische und kaufmännische Angestellte mit teilstrukturierten Interviews über besonders angenehme und unangenehme Arbeitssituationen befragt. *Herzberg* wertete anschließend die Protokolle der ihm mitgeteilten Schilderungen solcher Phasen inhaltsanalytisch aus. Die gewonnenen Ereignisse konnten zunächst zu 16, später zu 11 Gruppen zusammengefasst werden. Abbildung 5 zeigt das Ergebnis der Befragung und damit, wie die Einflussfaktoren auf die Zufriedenheit und Unzufriedenheit der Mitarbeiter einwirkten.

Zentrales Ergebnis der Studien war, dass im Zusammenhang mit besonders angenehmen und unangenehmen Erlebnissen häufig unterschiedliche Ursachen beziehungsweise Faktoren angegeben wurden. Aus diesen konnten zwei Ereignisgruppen gebildet werden. Zum einen die sogenannten Motivatoren und zum anderen die sogenannten Hygienefaktoren. Motivatoren sind Faktoren, bei deren Erfüllung Mitarbeiterzufriedenheit entsteht. Als wichtigste Motivatoren werden Leistungserfolg, Anerkennung, Arbeitsinhalt, Verantwortung und Aufstieg genannt. Hygienefaktoren sind Faktoren, bei deren Nichterfüllung Mitarbeiterunzufriedenheit entsteht. Hier sind Personalführung und -kontrolle, Unternehmenspolitik und -organisation, Beziehung zu Vorgesetzten und Kollegen sowie das Gehalt zu nennen.[63]

**Abbildung 5:** **Einflussfaktoren auf die Mitarbeiter(un)zufriedenheit**

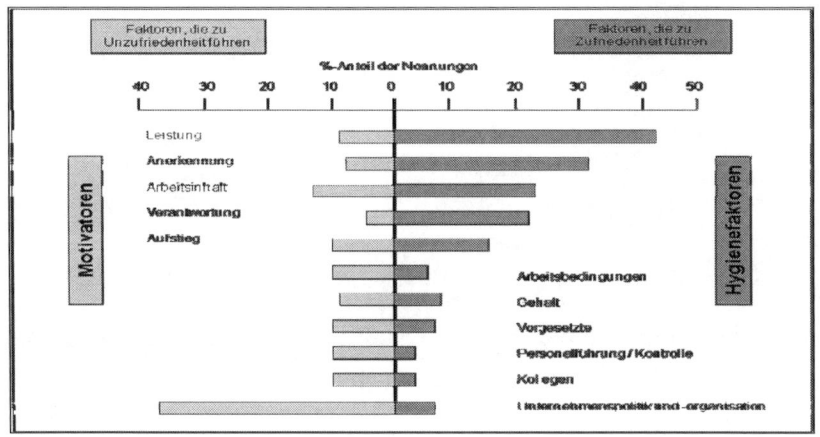

Quelle:    Eigene Darstellung in Anlehnung an Herzberg u.a. (1967): The Motivation to Work, S. 81.

Entsprechend dieser Ergebnisse beschreiben *Herzberg u.a.* Mitarbeiterzufriedenheit nicht auf einem eindimensionalen Kontinuum, welches von Mitarbeiterunzufriedenheit bis Mitarbeiterzufriedenheit reicht, sondern er entwirft im Rahmen seines Ansatzes ein zweidimensionales Konzept. Dabei unterscheidet er zwischen den Dimensionen Mitarbeiterzufriedenheit (MZ) und Nicht-Mitarbeiterzufriedenheit (N-MZ) sowie zwischen Mitarbeiterunzufriedenheit (MUZ) und Nicht-Mitarbeiterunzufriedenheit (N-MUZ).[64]

Das bedeutet, dass die Zufriedenheit eines Mitarbeiters mit seiner Arbeit nicht ausschließlich über die Hygienefaktoren erreicht werden kann, denn diese bilden die Rahmenbedingungen ihrer Tätigkeit. Folg-

---

63    Vgl. Berthel, J./Becker, F. G. (2010): Personal-Management, S. 53ff.

64    Vgl. Berthel, J./Becker, F. G. (2010): Personal-Management, S. 55.

lich führen diese im besten Fall zu N-MUZ. Es lässt sich damit jedoch keine Steigerung der Leistungsbereitschaft von Mitarbeitern erzielen. Somit bedarf es nach dem Modell von *Herzberg u.a.* der Berücksichtigung der Motivatoren, weil nur über diese die Mitarbeiterzufriedenheit erreicht und damit indirekt die Leistungsbereitschaft von Mitarbeitern gesteigert werden kann. Abbildung 6 verdeutlicht diesen Zusammenhang.

**Abbildung 6:** **Zusammenhang zwischen Motivatoren und Hygienefaktoren**

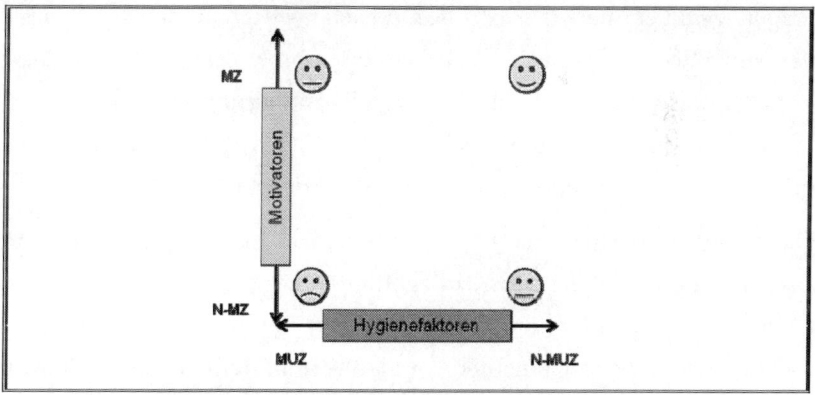

Quelle:    Eigene Darstellung in Anlehnung an Bröckermann (2000): Personalführung, S. 132.

Genau wie die Bedürfnispyramide von *Maslow* ist auch das Modell von *Herzberg u.a.* häufiger Kritik ausgesetzt. *Kolb*[65] kritisiert, dass *Herzberg* keine Auskunft darüber gibt, was beim Zusammentreffen von guten Motivatoren und schlechten Hygienefaktoren passiert. Darüber hinaus gibt es in dem Modell keine Zwischenkategorie, die sowohl Zufriedenheit als auch Unzufriedenheit bewirken kann. Ein weiterer Kritikpunkt besteht nach *Kolb* darin, dass keine individuellen Unterschiede zwischen Mitarbeitern berücksichtigt werden. Nicht jeder Mitarbeiter strebt nach einer besonders herausfordernden Arbeit. Für viele Mit-

---

[65]    Vgl. Kolb, M. (2008): Personalmanagement, S. 367f.

arbeiter steht die Befriedigung der Bedürfnisse außerhalb der Arbeitszeit im Vordergrund, sodass das Gehalt viel mehr als einen Hygiene-
faktor darstellt.[66] Den Gedanken der Individualität der Menschen greift
auch *Locke*[67] auf. Nach seiner Meinung fließen in das Antwortverhalten
der Befragten nicht nur die Rekonstruktion einer bestimmten Ereignis-
Qualität, sondern vermutlich auch Annahmen zu ihrer Verursachung
ein. Demnach besteht die Wahrscheinlichkeit, dass einige Teilnehmer
zur Stabilisierung ihres eigenen Selbstwertgefühls, ihre negativen Erfahrungen aus der Vergangenheit indirekt in der Beantwortung der
Fragen geäußert haben. Abschließend ist noch erwähnenswert, dass
der ganze Erklärungsansatz nach Meinung von *Neuberger*[68] etwas Geis-
terhaftes aufweist, da durch die vage Formulierung eine empirische
Widerlegung der Aussagen nicht möglich ist. Im Besonderen der Begriff der Arbeitszufriedenheit wird nicht ausdrücklich definiert.

Die riesige Resonanz, die *Herzberg* mit seinem Erklärungsansatz trotz
der teilweise vernichtenden Kritik gefunden hat, ist wohl auf die einfa-
chen Grundannahmen, den humanistischen Zeitgeist, die leicht nach-
vollziehbare Erhebungsmethode und die unmittelbare Einsichtigkeit
seiner Schlussfolgerungen, mit der sich direkt betriebliche Gestal-
tungsmaßnahmen durchführen ließen, zurückzuführen.[69] Die Zwei-
Faktoren-Theorie inspirierte und inspiriert noch heute wichtige For-
schungsarbeiten zur Mitarbeitermotivation.[70]

---

[66]   Vgl. Jost, P. J. (2008): Organisation und Motivation, S. 34.
[67]   Vgl. Locke, E. A. (1976): The nature and causes of job satisfaction, in: Dunette,
       M. D.: Handbook of Industrial and Organizational Psychology, S. 1.314.
[68]   Vgl. Neuberger, O. (1985): Arbeit, S. 201.
[69]   Vgl. Berthel, J./Becker, F. G. (2010): Personal-Management, S. 56.
[70]   Vgl. Kirchler, E. (2005): Arbeits- und Organisationspsychologie, S. 107.

### 4.3.3. Mitarbeiterführung und Mitarbeiterzufriedenheit

In der bisherigen Arbeit lag ein wesentlicher Schwerpunkt in der Darstellung der Motivationstheorien. Um die Motivation der Mitarbeiter zu fördern, ist ein weiterer Faktor von enormer Wichtigkeit, der richtige Führungsstil. In der Literatur gibt es eine Reihe guter Ansätze für Mitarbeiterführung. An dieser Stelle soll jedoch nur auf den situativen Ansatz von *Hersey & Blanchard* eingegangen werden, da dieser wesentlich zur Motivation der Mitarbeiter beigetragen kann.

Die Führungstheorie von *Hersey & Blanchard* postuliert, dass der Führungsstil den Situationen angepasst wird. Hierbei erfolgt die Orientierung an aufgaben- oder mitarbeiterbezogenen Stilen. Beim aufgabenbezogenen Stil plant und organisiert die Führungskraft. Sie setzt Ziele und definiert die Rolle für jede Person in der Arbeitsgruppe. Beim mitarbeiterbezogenen Führungsstil hingegen ist die Kommunikation offen, es herrscht Transparenz, und es gibt psychologische und emotionale Unterstützung. Die Führungskraft hat eine enge, persönliche Beziehung zu den Mitarbeitern.[71]

Weiterhin benötigt diese Theorie eine Situationsvariable. Hierfür wird ausschließlich der Reifegrad der Mitarbeiter berücksichtigt. Dieser setzt sich neben aufgabenrelevanten Fertigkeiten auch aus fachspezifischem Wissen, Selbstsicherheit und vorhandener Leistungsmotivation zusammen. Bei einem hohen Reifegrad sind die Mitarbeiter im Besitz von organisationalem Commitment, der notwendigen Kompetenzen und haben den Willen, die ihnen übertragenen Aufgaben auszuführen.[72] Außerdem haben sie die Bereitschaft, Verantwortung zu übernehmen, um ihr eigenes Verhalten zu lenken und zu bestimmen. Gene-

---

[71]  Vgl. Weinert, A. B. (2004): Organisations- und Personalpsychologie, S. 503.
[72]  Vgl. Kirchler, E. (2005): Arbeits- und Organisationspsychologie, S. 440.

rell können die folgenden vier Reifegradstufen unterschieden werden:[73]

1) R1: Der Mitarbeiter ist unfähig und nicht bereit, Verantwortung zu übernehmen. Er ist nicht kompetent und besitzt kein Selbstvertrauen.

2) R2: Der Mitarbeiter ist zwar willens, aber noch unfähig, eine anstehende Aufgabe durchzuführen. Er ist Motiviert, verfügt aber noch nicht über die notwendigen Fähigkeiten.

3) R3: Der Mitarbeiter ist fähig, aber nicht immer bereit dazu, das auszuführen, was die Führungskraft von ihm haben möchte.

4) R4: Der Mitarbeiter ist sowohl fähig als auch willens, das auszuführen, was von ihm verlangt wird.

Die Aufgabe der Führungskraft ist es herauszufinden, welchen Reifegrad der Mitarbeiter besitzt. Im Anschluss daran kann die Führungskraft einen Führungsstil benutzen, der zum Entwicklungsstand des Mitarbeiters passt. Sofern der Führungsstil mit dem Reifegrad übereinstimmt, kann man von Führungseffizienz sprechen. Die nachfolgende Abbildung zeigt die situative Reifegrad-Theorie und verdeutlicht damit die Zusammenhänge.

---

[73] Vgl. Weinert, A. B. (1998): Organisationspsychologie, S. 441ff.

**Abbildung 7:    Die situative Reifegrad-Theorie von Hersey & Blanchard**

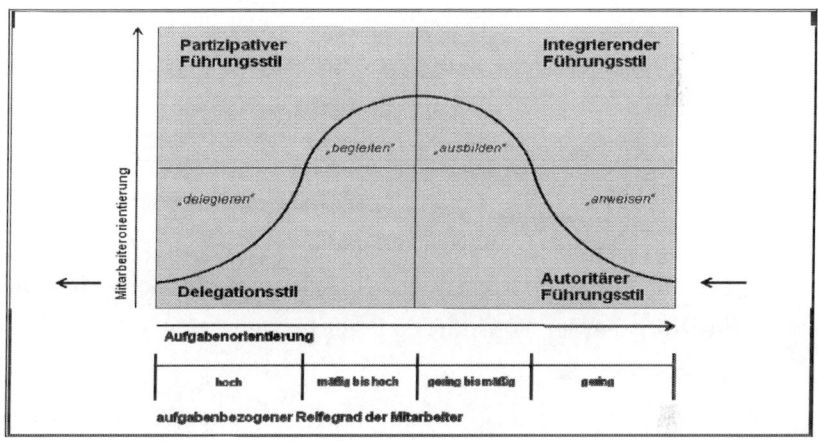

Quelle:    Eigene Darstellung in Anlehnung an Hersey, P./Blanchard, K. H. (1972): Management of organizational behavior – utilizing human resources, S. 142.

Gemäß der Abbildung stehen der Führungskraft die folgenden vier Führungsstile zur Verfügung:[74]

1) Autoritärer Führungsstil: Hierbei handelt es sich um einen stark aufgabenbezogenen und wenig mitarbeiterbezogenen Führungsstil. Er kommt immer dann zur Anwendung, wenn ein Mitarbeiter neu ist und mit den auszuführenden Arbeiten noch nicht so vertraut ist. Diese Mitarbeiter müssen detaillierte Anweisungen bekommen.

2) Integrierender Führungsstil: Bei diesem Führungsstil besteht ein gleichstarker Aufgaben- und Mitarbeiterbezug. Er wird dann wirksam, wenn der Mitarbeiter eine geringe bis mäßige Reife erreicht hat. Die Hauptaufgabe der Führungskraft besteht im Ausbilden des Mitarbeiters.

---

[74]    Vgl. Weinert, A. B. (2004): Organisations- und Personalpsychologie, S. 504.

3) Partizipativer Führungsstil: Dieser stark mitarbeiterbezogene und wenig aufgabenbezogene Führungsstil ist dann besonders effektiv, wenn der Mitarbeiter eine mäßige bis hohe Reife erreicht hat. Hierbei begleitet die Führungskraft den Mitarbeiter bei seiner Tätigkeit und äußert Verbesserungen nur, wenn es notwendig erscheint.

4) Delegationsstil: Dieser Führungsstil ist gekennzeichnet durch wenig Mitarbeiter- und Aufgabenbezug. Voraussetzung ist, dass der Mitarbeiter einen hohen Reifegrad hat. Somit besteht die Aufgabe der Führungskraft darin, den Mitarbeiter zu delegieren.

In diesem Zusammenhang soll auf das von *Csikszentmihalyi*[75] beschriebene Flow-Erlebnis eingegangen werden. Dieses trägt unmittelbar zur Realisierung eines situativen Führungsstils bei. Die Führungskraft sollte demnach darauf achten, dass der Mitarbeiter sich bei seiner Tätigkeit in einem Flow befindet. Darunter versteht man den Punkt, bei dem die gerade noch bestehende Handlungsfähigkeit des Mitarbeiters, den an ihn gerichteten Anforderungen entspricht. Nach den Ausführungen von *Csikszentmihalyi* sind Personen, die sich in einem Flow befinden, besonders motiviert und bestrebt, Neues zu erlernen. Demnach ist es für die Führungskraft notwendig, den Flow-Zustand und den Reifegrad des Mitarbeiters richtig einzuschätzen. Gelingt dies der Führungskraft, wird das nicht nur zur Motivation des Mitarbeiters beitragen, sondern auch einen Einfluss auf die Mitarbeiterzufriedenheit haben. Ob diese wiederum einen Einfluss auf die Arbeitsleistung, den Absentismus oder die Fluktuation haben, zeigen die nachfolgenden Kapitel.

---

[75]  Vgl. Csikszentmihalyi, M. (2005): Das flow-Erlebnis, S. 74ff.

### 4.3.4. Mitarbeiterzufriedenheit und Arbeitsleistung

Der Zusammenhang zwischen Mitarbeiterzufriedenheit und Arbeitsleistung stellt einen der am meisten untersuchten Zusammenhänge in
der arbeits- und organisationspsychologischen Forschung dar. In der
Literatur gibt es eine Vielzahl von Studien, die einen geringen positiven Zusammenhang zwischen Leistung und Mitarbeiterzufriedenheit
aufzeigen. Nach *von Rosenstiels*[76] Untersuchungen gibt es jedoch bestimmte Bedingungen, unter denen Leistung und Zufriedenheit gar
nicht oder negativ korrelieren können. Der Grund dafür liegt in den
verschiedenen Interpretationsmöglichkeiten der Korrelationskoeffizienten. Demnach ist es möglich, dass Zufriedenheit als Ursache der
Leistung oder Leistung als Ursache der Zufriedenheit wirken kann.
Des Weiteren können dritte Variablen auf die Leistung und die Zufriedenheit einwirken, obwohl zwischen den beiden letztgenannten Variablen kein direktes Beeinflussungsverhältnis besteht. Als letzten
Grund nennt *von Rosenstiel* die Wechselwirkung, welche zwischen
Leistung und Zufriedenheit besteht.

*Ostroff*[77] kritisiert, dass viele Studien den Zusammenhang zwischen
Mitarbeiterzufriedenheit und Leistung nur auf individueller Ebene
messen, da hierbei die Interaktionen und Abhängigkeiten zwischen
den Mitarbeitern im Arbeitsprozess vernachlässigt werden können.
Weiterhin sieht er Probleme in der häufigen Operationalisierung von
Mitarbeiterzufriedenheit als einen Gesamtzufriedenheitswert. Seiner
Meinung nach können spezifischere Zufriedenheitsmaße auch stärkere
Zusammenhänge zur Leistung aufweisen.

---

[76]  Vgl. Rosenstiel, L. von (2007): Grundlagen der Organisationspsychologie,
      S. 440.
[77]  Vgl. Ostroff, C. (1992): The relationship between satisfaction, attitudes and
      performance: An organizational-level analysis, in: Journal of Applied Psy-
      chology, Nr. 77, S. 969f.

Als Resultat kann folgende Erkenntnis festgehalten werden: Es existiert keine einheitliche Übereinstimmung für einen positiven Zusammenhang zwischen Mitarbeiterzufriedenheit und Arbeitsleistung. Sofern jedoch ein Zusammenhang existiert, kann nicht geschlussfolgert werden, welche Stärke dieser aufweist.

### 4.3.5. Mitarbeiterzufriedenheit und Absentismus/Fluktuation

Der Begriff Fluktuation beschreibt die Wechselbereitschaft eines Mitarbeiters über die jeweiligen Unternehmensgrenzen hinaus. Im Gegensatz dazu beschreibt Absentismus ein zeitlich befristetes Fernbleiben von der Arbeitsstelle. *Frieling* und *Sonntag*[78] gehen davon aus, dass alle Formen von Abwesenheit, seien sie krankheits- oder motivationalbedingt, Störungen im Arbeitsablauf und Mehrbelastungen für die anwesenden Mitarbeiter durch zusätzliche Aufgaben bedeuten. Vor diesem Hintergrund resultieren durch Absentismus erhebliche Mehrkosten für das Unternehmen.

Die Frage, ob ein Zusammenhang zwischen Mitarbeiterzufriedenheit und Absentismus tatsächlich existiert, ist jedoch nicht hinreichend geklärt. So zeigt beispielsweise *Nicholson et al.*[79] im Ergebnis von 29 Untersuchungen, dass kein Zusammenhang existiert. Die Autoren *Steers* und *Rhodes*[80] kommen hingegen zu der Erkenntnis, nachdem sie 104 empirische Studien zu diesem Thema studierten, dass ein Zusammenhang beider Variablen nicht direkt gesehen werden kann, sondern eher als Prozess gesehen werden muss. Auch *von Rosenstiel*[81] zeigt in seinem Buch sieben weitere Studien, welche durchschnittlich eine si-

---

[78] Vgl. Frieling, E./Sonntag, K. (1999): Lehrbuch Arbeitspsychologie, S. 251f.

[79] Vgl. Nicholson, N./Brown, C. A./Chadwick-Jones, J. K. (1976): Absence from work and job satisfaction, in: Journal of Applied Psychology, Nr. 61, S. 728ff.

[80] Vgl. Steers, R. M./Rhodes, S. R. (1978): Major influences on employee attendance. – A process model. In: Journal of Applied Psychology, Nr. 63, S. 391ff.

[81] Vgl. Rosenstiel, L. von/Molt, W./Rüttinger, B. (2005): Organisationspsychologie, S. 298.

gnifikant negative Korrelation von -.30 haben. Er schlussfolgert, dass andere individuelle Einflüsse, wie beispielsweise die Gesundheit des Mitarbeiters, vernachlässigt wurden und somit auch die Ergebnisse nicht aussagekräftig sind. Ein ähnliches Bild zeigt sich beim Zusammenhang zwischen Mitarbeiterzufriedenheit und Fluktuation. Hier zeigt *Neuberger*[82] nach einer Zusammenstellung von knapp 30 Untersuchungen auf, dass es zwar einen stabilen Zusammenhang gibt, dieser jedoch mit durchschnittlichen Korrelationskoeffizienten von -.25 bis -.30 nicht sonderlich hoch ist.

*Mitra, Jenkins* und *Gupta*[83] stellten sich 1992 die Frage, ob Fluktuation und Absentismus verschiedene Charakteristiken desselben Verhaltens darstellen oder ob es sich dabei um alternative Rückzugsforderungen handelt. Hierfür begannen sie eine Metaanalyse, bei der 17 Untersuchungen zusammengefasst wurden. Das Ergebnis, bei dem eine durchschnittliche Korrelation von .33 festgestellt werden konnte, weist darauf hin, dass beide Begrifflichkeiten in der Regel gemeinsam auftreten, zum überwiegenden Teil jedoch alternativ gewählt werden.[84] So ist denkbar, dass bei einem Mitarbeiter mit geringer Unzufriedenheit eher Fehlzeiten auftreten. Im Gegensatz dazu wird es bei einem Mitarbeiter mit hoher Unzufriedenheit eher zur Kündigung kommen, wobei hier nur von einer Kündigung des Arbeitnehmers ausgegangen wird. Darüber hinaus sind einige Autoren der Meinung, dass eine geringe Loyalität des Arbeitnehmers schon bei geringer Unzufriedenheit zur Abwanderung führt. Diese Annahmen unterliegen jedoch gegenwärtigen Gegebenheiten. Es kann davon ausgegangen werden, dass stark unzufriedene Mitarbeiter in wirtschaftlich schwierigen Zeiten aus Angst vor

---

[82]  Vgl. Neuberger, O. (1974): Messung der Arbeitszufriedenheit, S. 144.

[83]  Vgl. Mitra, A./Jenkins, D. J./Gupta, N. (1992): A meta-analytic review of the relationship between absence and turnover, in: Journal of Applied Psychology, Nr. 77, S. 879ff.

[84]  Vgl. Frieling, E./Sonntag, K. (1999): Lehrbuch Arbeitspsychologie, S. 251.

Arbeitslosigkeit das Unternehmen nicht verlassen, sondern eher zu Fehlzeiten tendieren werden.[85]

Um das zu vermeiden, ist es für das dienstleistende Unternehmen von großer Relevanz, die Zufriedenheit der Mitarbeiter mit geeigneten Verfahren in regelmäßigen Abständen zu messen.

### 4.4. Messung von Mitarbeiterzufriedenheit

Wie bereits in Kapitel 4.2. erwähnt wurde, verändert sich das Anspruchsniveau des Mitarbeiters mit seinen individuellen Erfahrungen. Das bedeutet, dass Zufriedenheit subjektiv und relativ ist.[86] Somit stellt sich die Frage, wie die Mitarbeiterzufriedenheit gemessen werden kann. Weinert[87] unterscheidet hierfür additive und multiplikative Modelle. Nach den additiven Modellen berechnet sich die Gesamtmitarbeiterzufriedenheit entweder aus der Summe der Zufriedenheit mit verschiedenen Facetten der Arbeit, aus der Summe der erfüllten Bedürfnisse am Arbeitsplatz oder aus der Differenz zwischen dem Grad, in dem die Bedürfniserfüllung erfolgt und erfolgen sollten. Die multiplikativen Modelle zeigen auf, dass die Mitarbeiterzufriedenheit eine Funktion der Summe der Arbeitsergebnisse und der Stärke der Erwünschtheit dieser Ergebnisse ist.

Grundsätzlich haben sich acht Dimensionen als relativ stabil und konsistent erwiesen, auf die sich die genannten Modelle in der Regel beziehen:[88]

> 1) „Die Arbeit selbst (Inhalt, Aufgabe und Kontrolle, Interessen, Erfolgsmöglichkeiten Variationen),

---

[85]   Vgl. Rosenstiel, L. von/Molt, W./Rüttinger, B. (2005): Organisationspsychologie, S. 298.

[86]   Vgl. Kirchler, E. (2005): Arbeits- und Organisationspsychologie, S. 261.

[87]   Vgl. Weinert, A. B. (2004): Organisations- und Personalpsychologie, S. 256f.

[88]   Weinert, A. B. (2004): Organisations- und Personalpsychologie, S. 257.

2) Supervision bzw. Führungsstil (human relations),

3) Organisation und Organisationsleitung (Interesse für Mitarbeiter etc.),

4) Beförderungsmöglichkeiten (Basis für Fairness),

5) Mitarbeiter (Kompetenz, Hilfsbereitschaft, Freundlichkeit),

6) Arbeitsbedingungen (physisch und psychisch),

7) Finanzielle und nicht finanzielle Be- und Entlohnung (Gehaltshöhe etc.),

8) Anerkennung (Feedback, verbale Anerkennung für geleistete Arbeit)."

Auf die Frage, bei welchen Methoden zur Messung der Mitarbeiterzufriedenheit die acht genannten Dimensionen berücksichtigt werden, gibt das nachfolgende Kapitel Aufschluss.

### 4.4.1. Methoden zur Messung der Mitarbeiterzufriedenheit

Der Ursprung zur Messung der Mitarbeiterzufriedenheit geht auf das Jahr 1935 zurück. Seit dieser Zeit hat sich eine Vielzahl an unterschiedlichen Möglichkeiten herausgebildet, mit denen es möglich ist, das Konstrukt messbar zu machen.[89] Weinert[90] fasst in seinem Buch die fünf wichtigsten Verfahren zur Messung der Mitarbeiterzufriedenheit wie folgt zusammen:

1) „Selbstbeschreibung (Likert-Skalen; Thurstone-Skalen; Semantisches Differenzial [Polaritätsprofile]; Prüflisten, die Aussagen in Form von ganzen Sätzen oder nur von Eigenschaftsbegriffen enthalten),

---

[89]  Vgl. Weinert, A. B. (2004): Organisations- und Personalpsychologie, S. 255.
[90]  Weinert, A. B. (2004): Organisations- und Personalpsychologie, S. 256.

2) Fremdbeurteilung der Reaktion und des Verhaltens der Probanden am Arbeitsplatz,

3) Skalen zur Selbstbeurteilung von Verhaltenstendenzen,

4) Mitarbeitergespräche, Interviews,

5) die „Methode der kritischen Ereignisse" am Arbeitsplatz."

In der Regel werden diese Verfahren durch Befragungen erhoben. Bei den Befragungen äußern sich Personen zu einem bestimmten Erhebungsgegenstand. Das erfolgt in Form eines Fragebogens oder durch eine mündliche Befragung in Form eines Interviews. Bei dem Interview besteht durch den direkten Kontakt zum Mitarbeiter eine sehr hohe Antwortquote, woraus wiederum die Repräsentativität der Ergebnisse gewährleistet ist. Außerdem weist diese Methode eine große Flexibilität auf, weil grundsätzlich alle Arten von Stimuli und das gesamte Spektrum des Frage- und Antwortinstrumentariums einsetzbar sind.[91] Neuberger[92] unterscheidet drei Arten von Interviews. Das unstrukturierte, das halbstrukturierte und das strukturierte Interview. Beim unstrukturierten Interview wird allein durch die Antworten, die der Befragte gibt, der Interviewverlauf gestaltet. Anders ist es beim halbstrukturierten Interview. Hier werden dem Interviewer bestimmte Themen in Form eines Leitfadens vorgegeben. Diese müssen während des Interviews angesprochen werden. Dabei spielt jedoch die Reihenfolge keine Rolle und auch die Formulierung der Fragen kann dem Gespräch angepasst werden. Im Gegensatz zum halbstrukturierten Interview ist beim strukturierten Interview die Reihenfolge und Formulierung der Fragen vorgeschrieben. Die Aufgabe des Interviewers besteht lediglich darin, dem Befragten die Fragen vorzulegen und dessen Antworten zu notieren.

---

[91]  Vgl. Diller, H. (2001): Vahlens großes Marketinglexikon, S. 131.
[92]  Vgl. Neuberger, O. (1974): Messung der Arbeitszufriedenheit, S. 43f.

Während der Anwendung der Erhebungsmethode in Form des Interviews hat sich gezeigt, dass sie auch mit Nachteilen verbunden sein kann. So ist hier beispielsweise die hohe Zeit- und Kostenintensivität für die Durchführung zu nennen. Darüber hinaus besteht bei der ohnehin schon langen Abwicklungsdauer auch die Gefahr der suggestiven Beeinflussung durch den Interviewer.[93] Weiterhin könnte der Interviewte aufgrund der fehlenden Anonymität wichtige Informationen zurückhalten, da er befürchten muss, dass diese negative Folgen für ihn haben könnten.

Diese negativen Folgen entfallen bei der schriftlichen Befragung ganz. Hier haben die Befragten die Möglichkeit, durchdachte Antworten zu geben. Zudem ist für das Unternehmen die schriftliche Form der Befragung im Gegensatz zu den persönlichen Interviews mit einem viel geringeren zeitlichen und organisatorischen Aufwand verbunden und auch die Rücklaufquote ist erfahrungsgemäß höher als bei mündlichen Befragungen.[94] In der Regel müssen die Interviewten bei der schriftlichen Befragung auf geschlossene Fragen antworten, da sich in der Vergangenheit erwiesen hat, dass Mitarbeiter offene Fragen ungern beantworten. Begründet wird dieses Phänomen zum einen dadurch, dass Mitarbeiter befürchten, an ihrer Handschrift erkannt zu werden. Zum anderen ist der zeitliche Aufwand für den Mitarbeiter weitaus höher als bei geschlossenen Fragen.[95]

Neben der Art unterscheidet man die Befragung auch nach dem Gegenstand, der Fragetechnik, der Häufigkeit und der Form. Beim Gegenstand differenziert man zwischen der Ein-Themen-Befragung, die in der Praxis aufgrund der oft angewandten Eigennutzmaximierung durch die Befragten eher selten Anwendung findet, und der

---

93  Vgl. Diller, H. (2001): Vahlens großes Marketinglexikon, S. 131.

94  Vgl. Meffert, H./Bruhn, M. (2006): Dienstleistungsmarketing, S. 146f.

95  Vgl. Neuberger, O. (1974): Messung der Arbeitszufriedenheit, S. 76f.

Mehr-Themen-Befragung, die mehrere Themenbereiche beinhaltet und durch eine Vermischung von Fragen aus mehreren Themenbereichen versucht, die eigentlichen Hintergründe vor den Befragten zu verbergen. Im Sinne der Fragetechnik bieten sich zwei Formen der Fragestellungen an. Einerseits die direkte Fragestellung, welche sich bei bestimmten Themengebieten durch eine hohe Anzahl an nicht- oder falsch beantworteten Fragen charakterisiert. Andererseits gibt es die indirekten Fragen, die sich wiederum aus mehreren Fragetypen zusammensetzen, um den gewünschten Sachverhalt auf Umwegen zu erfahren oder aber durch die Reaktionen von den Befragten, Rückschlüsse auf ihr Verhalten beziehungsweise auf ihre Persönlichkeitsstruktur zu ziehen.[96]

### 4.4.2. Erstellung eines Fragebogens zur Messung der Mitarbeiterzufriedenheit

In der Literatur gibt es eine Vielzahl von Fragebögen zur Messung der Mitarbeiterzufriedenheit. Besondere Aufmerksamkeit bekommen jedoch das Porter Instrument zur Messung der Bedürfnisstruktur von *Porter*, der Job Descriptive Index von *Smith, Kendall & Hulin*, die Skala zur Messung der Mitarbeiterzufriedenheit von *Fischer* und der Arbeitsbeschreibungs-Bogen von *Neuberger* und *Allerbeck*. Die beiden letztgenannten werden besonders häufig im deutschsprachigen Raum verwendet.[97]

Im folgenden Verlauf werden diese vier Methoden zur Erstellung eines Fragebogens detailliert dargestellt.

---

[96]  Vgl. Bruhn, M./Homburg, C. (2004): Gabler Lexikon Marketing, S. 77.
[97]  Vgl. Weinert, A. B. (2004): Organisations- und Personalpsychologie, S. 256.

### 4.4.2.1. Das Porter Instrument

Das Porter Instrument ist ein auf der Grundlage der Motivationstheorie von *Maslow* entwickeltes Verfahren. Die Bedürfnisstruktur stimmt hierbei allerdings nicht mit den Bedürfnissen von *Maslow* überein. *Porter* tauschte das physiologische Bedürfnis gegen das Autonomiebedürfnis aus. Auf dieser Basis definiert das Porter Instrument Mitarbeiterzufriedenheit als Differenz zwischen der als angemessen wahrgenommenen Belohnung und der tatsächlich erhaltenen Belohnung. Der auf dieser Grundlage entwickelte Fragebogen enthält 15 Items, welche auf die Charakteristika und auf die Qualitäten des Arbeitsplatzes eingehen.[98]

Grundsätzlich werden pro Item drei Fragen gestellt, sodass der Mitarbeiter im Anschluss daran die Möglichkeit hat, pro Item auf die folgenden drei Einstufungen zu antworten:[99]

1) „Wie viel von diesem Charakteristikum ist gegenwärtig in Ihrer Stellung vorhanden?

2) Wie viel von diesem Merkmal sollte nach Ihrer Meinung in Ihrer Stellung vorhanden sein?

3) Wie wichtig ist dieses Charakteristikum am Arbeitsplatz für Sie?"

---

[98]  Vgl. Weinert, A. B. (2004): Organisations- und Personalpsychologie, S.257f.

[99]  Weinert, A. B. (2004): Organisations- und Personalpsychologie, S.257f.

**Abbildung 8:**    **Auszug aus dem Porter Instrument**

**1. Das Gefühl der Selbstachtung, das eine Person in meiner Stellung empfindet**

|                                          | min |   |   |   |   | max |   |
| ---------------------------------------- | --- | - | - | - | - | --- | - |
| a) Wie viel ist gegenwärtig vorhanden?   | 1   | 2 | 3 | 4 | 5 | 6   | 7 |
| b) Wie viel sollte vorhanden sein?       | 1   | 2 | 3 | 4 | 5 | 6   | 7 |
| c) Wie wichtig ist dies für mich?        | 1   | 2 | 3 | 4 | 5 | 6   | 7 |

**2. Die Autorität und die Vollmacht, die mit meiner Stellung verbunden ist**

|                                          | min |   |   |   |   | max |   |
| ---------------------------------------- | --- | - | - | - | - | --- | - |
| a) Wie viel ist gegenwärtig vorhanden?   | 1   | 2 | 3 | 4 | 5 | 6   | 7 |
| b) Wie viel sollte vorhanden sein?       | 1   | 2 | 3 | 4 | 5 | 6   | 7 |
| c) Wie wichtig ist dies für mich?        | 1   | 2 | 3 | 4 | 5 | 6   | 7 |

**3. Die Gelegenheit ...**

Quelle:    Eigene Darstellung in Anlehnung an Weinert, A. B. (2004): Organisations-
und Personalpsychologie, S. 258ff.

Die Antworten werden auf einer Skala von 1 (Minimum) bis 7 (Maximum) vorgenommen. Die Mitarbeiterzufriedenheit ergibt sich dabei aus der Summe der gewichteten Differenzbeiträge zwischen tatsächlichen und erwarteten Charakteristika.[100] Hierbei gilt, umso größer die Differenz, desto unzufriedener ist auch der Mitarbeiter. Die größtmögliche Differenz, welche dabei erreicht werden kann, ist 6 (7 - 1).

### 4.4.2.2. Der Job Descriptive Index

Der Job Descriptive Index (JDI) ist ein weiteres Instrument zur Messung der Mitarbeiterzufriedenheit. Dieser beschreibt Mitarbeiterzufriedenheit als eine Einstellung, die der Mitarbeiter gegenüber den verschiedenen Facetten seiner Arbeit hat.[101] Hierbei wird nicht, wie im Porter Instrument, auf die internen Arbeitsaspekte eingegangen, vielmehr beschäftigt sich der JDI mit den externen Aspekten der Arbeit.[102]

---

[100]    Vgl. Kirchler, E. (2005): Arbeits- und Organisationspsychologie, S. 262.
[101]    Vgl. Weinert, A. B. (2004): Organisations- und Personalpsychologie, S. 261.
[102]    Vgl. Kirchler, E. (2005): Arbeits- und Organisationspsychologie, S. 262.

In Bezug auf die externen Arbeitsaspekte findet eine Unterteilung in die folgenden fünf Kategorien statt:[103]

1) Die Arbeit selbst,

2) die Supervision (Vorgesetzte und deren Führungsstil),

3) die Bezahlung,

4) die Beförderungsmöglichkeiten und

5) die Mitarbeiter.

Für jede dieser Kategorie gibt es eine Reihe unterschiedlicher Fragen. Diese werden dem Mitarbeiter in Form eines Fragebogens (Abbildung 9) vorgelegt. Anschließend hat dieser die Möglichkeit, bei Zustimmung ein „J" und bei Ablehnung ein „N" einzusetzen. Darüber hinaus kann der Mitarbeiter bei Unentschlossenheit ein „?" einsetzen.

Nachdem der Fragebogen beantwortet wurde, schließt sich die Auswertung der 72 Fragen an. Dabei bekommt der Mitarbeiter für jede Aussage, die innerhalb der Kategorien gemäß den Normen beantwortet wurde, drei Punkte. Im Gegensatz dazu erhält der Mitarbeiter keinen Punkt, wenn die Beantwortung gegen die Normen verläuft und einen Punkt, wenn er sich nicht entscheiden kann. Im Anschluss an die Punktevergabe können diese für jede Kategorie summiert werden, sodass ein Messwert für die Höhe der Mitarbeiterzufriedenheit mit der spezifischen Facette der Arbeit existiert. Im Fall der unten dargestellten Abbildung erreichte der Mitarbeiter in allen Kategorien volle Punktzahl. Aus diesem Grund kann geschlussfolgert werden, dass der Mitarbeiter eine mit seiner Arbeit zufriedene Person ist.[104]

---

[103]  Vgl. Weinert, A. B. (2004): Organisations- und Personalpsychologie, S. 262.
[104]  Vgl. Weinert, A. B. (2004): Organisations- und Personalpsychologie, S. 264 f.

## Abbildung 9:   Der Job Descriptive Index

**Die Arbeit selbst**

- J Interessant
- N Routine
- J zufriedenstellend
- N langweilig
- J gut
- J kreativ
- J respektiert
- N heiß
- J angenehm
- J nützlich
- N ermüdend
- J gesund
- J die Tätigkeit fordernd
- N auf den Beinen
- N frustrierend
- N einfach
- N endlos
- J gibt das Gefühl, etwas geleistet zu haben

**Der/ die Vorgesetzte**

- J fragt mich um Rat
- N schwierig zufriedenzustellen
- N unhöflich
- J lobt gute Arbeit
- J taktvoll
- J einflussreich
- J auf dem Laufenden
- N beaufsichtigt nicht genug
- N leicht reizbar/jähzornig
- J sagt mir, woran ich bin
- N belästigend
- N eigensinnig/stur
- J kennt die Arbeit gut
- N schlecht
- N intelligent
- J lässt mich in Frieden / meine Sachen machen
- N faul
- J ist da, wenn er/sie gebraucht wird

**Die Bezahlung**

- J Einkommen ist angemessen für die üblichen Ausgaben
- J zufriedenstellende Gewinnbeteiligung
- N Einkommen reicht kaum aus
- N schlecht
- J Einkommen erlaubt Luxusartikel
- N unsicher
- N weniger als mir zukommt
- J hochbezahlt
- N Unterbezahlt

**Die Beförderungsmöglichkeiten**

- J gute Gelegenheit zum Vorwärtskommen
- N Möglichkeiten sind etwas begrenzt
- J Beförderung auf der Basis von Fähigkeiten
- N kein Vorwärtskommen an dieser Stelle
- J gute Chancen für Beförderung
- N ungerechte Beförderungspraktiken
- N Beförderungen sind selten
- J regelmäßige Beförderungen
- J ziemlich gute Chancen für Beförderungen

**Die Mitarbeiter(innen)/ Kollegen**

- J anregend/ stimulierend
- N langweilig
- N langsam
- J ehrgeizig
- N dumm
- J verantwortungsvoll
- J schnell
- J intelligent
- N werden leicht zu Feinden
- N reden zu viel
- N klug
- N faul
- N unangenehm
- N keine Privatsphäre
- J tätig/ aktiv
- J begrenzte Interessen
- J loyal/ zuverlässig
- N schwierig kennenzulernen

Quelle:   Eigene Darstellung in Anlehnung an Weinert, A. B. (2004): Organisations-
und Personalpsychologie, S. 262f.

## 4.4.2.3. Die Skala zur Messung der Mitarbeiterzufriedenheit

Ein im deutschen Sprachraum sorgfältig konstruiertes und standardisiertes Messverfahren

der Mitarbeiterzufriedenheit ist die von *Fischer* und *Lück* entwickelten
Skala zur Messung der Mitarbeiterzufriedenheit (SAZ). Hiermit ist es
möglich, die Zufriedenheit des Mitarbeiters mit seiner Tätigkeit zu
messen. Hierfür sind zwei Formen der SAZ denkbar, eine lange Form

mit 36 Fragen und eine kurze Form mit 8 Fragen.[105] Die kurze Form hat ein hohes Korrelationsmaß mit der langen Form und wurde nachträglich geschaffen, da in der Praxis oftmals kurze, jedoch zuverlässige Fragebögen gefragt sind.[106]

**Abbildung 10:    Die Kurze Form des SAZ**

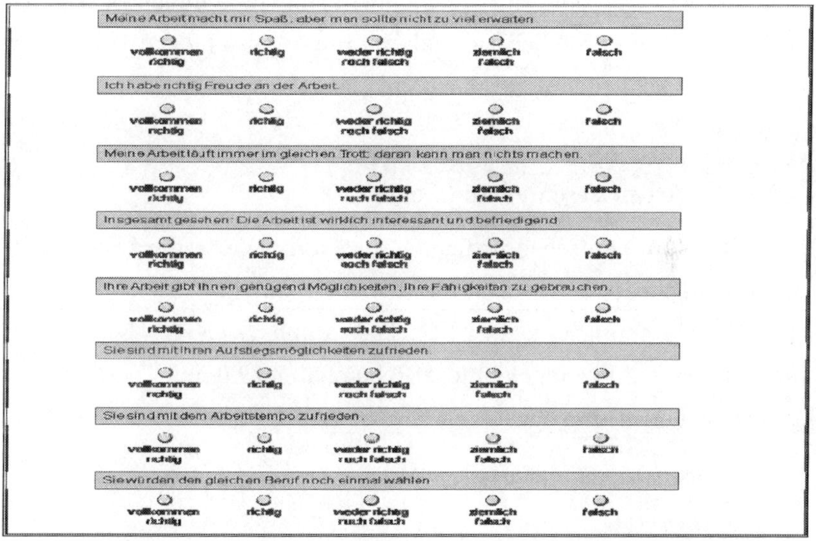

Quelle:    Eigene Darstellung in Anlehnung an Fischer, L./Lück, H. E. (1972): Entwicklung einer Skala zur Messung von Arbeitszufriedenheit (SAZ), in: Psychologie und Praxis, Nr. 16, S. 75.

Die lange und kurze Form der SAZ basiere auf Faktoren, welche sich nach Angaben der beiden Autoren in früheren amerikanischen Untersuchungen mehrfach als bedeutsam erwiesen hatten. Dazu zählt die Möglichkeit zur persönlichen Entwicklung, das Verhältnis zu den Kollegen sowie zu den Vorgesetzten, die Aufstiegsmöglichkeiten, die Ver-

---

[105]    Vgl. Rosenstiel, L. von (2007): Grundlagen der Organisationspsychologie, S. 439.

[106]    Vgl. Fischer, L./Lück, H. E. (1972): Entwicklung einer Skala zur Messung von Arbeitszufriedenheit (SAZ), in: Psychologie und Praxis, Nr. 16, S. 73.

haltensweise des Managements und der Firmenführung, die Bezahlung und die Bedingungen am Arbeitsplatz.[107]

Die in Abbildung 10 dargestellte Kurzskala zur Messung der Mitarbeiterzufriedenheit nach *Fischer* und *Lück* wird vorwiegend mit Likert-Skalen aufgebaut. Im Sinne der Auswertung gibt *Neuberger* folgende Vorgehensweise an. Die Antwortmöglichkeit „vollkommen richtig" ist mit 5, die Antwortmöglichkeit „falsch" mit 1 gewichtet. Alle anderen Antwortmöglichkeiten werden entsprechend mit 2, 3 beziehungsweise 4 gewichtet.[108]

### 4.4.2.4. Der Arbeitsbeschreibungsbogen

Ein weiteres im deutschsprachigen Raum konstruiertes und standardisiertes schriftliches Messverfahren der Mitarbeiterzufriedenheit ist der Arbeitsbeschreibungsbogen (ABB). Der durch *Neuberger* entwickelte und stark an den JDI angelehnte ABB beinhaltet 79 Items. Diese ermöglichen eine Bewertung der folgenden Aspekte der Arbeitssituation:[109]

1) Kollegen,

2) Vorgesetzte,

3) Tätigkeit,

4) äußere Bedingungen,

5) Organisation und Leitung,

6) berufliche Weiterbildung,

7) Bezahlung,

8) Arbeitszeit,

---

[107] Vgl. Fischer, L./Lück, H. E. (1972): Entwicklung einer Skala zur Messung von Arbeitszufriedenheit (SAZ), in: Psychologie und Praxis, Nr. 16, S. 66.

[108] Vgl. Neuberger, O. (1974): Messung der Arbeitszufriedenheit, S. 99.

[109] Vgl. Rosenstiel, L. von (2007): Grundlagen der Organisationspsychologie, S. 439.

9) Arbeitsplatzsicherheit,

10) Arbeit insgesamt,

11) Leben insgesamt.

Die einzelnen Aspekte der Arbeitszufriedenheit sind unabhängig voneinander, weil beispielsweise ein Mitarbeiter, der mit seinem Vorgesetzten zufrieden ist, noch lange nicht mit seinem Gehalt oder seinen Kollegen zufrieden sein muss. Die Subskalen korrelieren aber dennoch hoch miteinander. *Rosenstil et al.*[110] vermuten, dass dadurch die Gesamtzufriedenheit durch Addition der Einzelwerte ermittelt werden kann.

In Bezug auf den Aufbau des ABB bilden die jeweiligen Aspekte Subskalen mit jeweils 7-13 Attributen. Anhand dieser Attribute soll der befragte Mitarbeiter eine Bewertung abgeben. Weiterhin wird im Anschluss die Gesamtzufriedenheit innerhalb der Subskala abgefragt, hierfür werden Kunin-Gesichterskalen verwendet.[111]

Ein Beispiel für den Aspekt „Kollegen" und dessen Subskala bietet Abbildung 11.

---

[110]  Vgl. Rosenstiel, L. von/Molt, W./Rüttinger, B. (2005): Organisationspsychologie, S. 294.

[111]  Vgl. Neuberger, O./Allerbeck, M. (1978): Messung und Analyse von Arbeitszufriedenheit, Anhang 31.

**Abbildung 11:     Auszug aus dem Arbeitsbeschreibungs-Bogen**

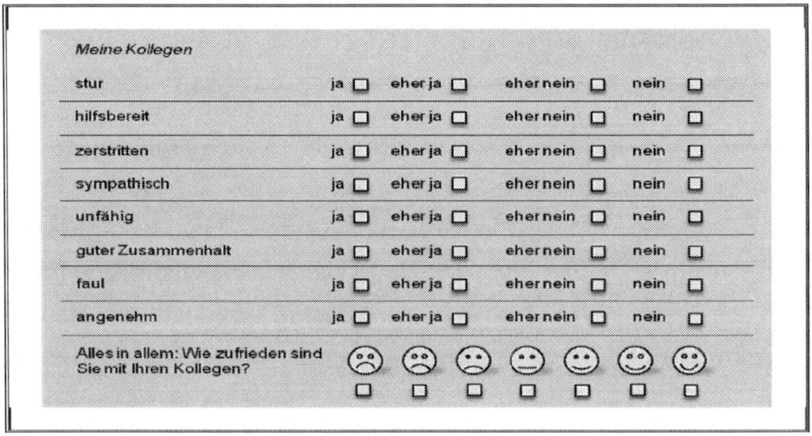

| Meine Kollegen | | | | |
|---|---|---|---|---|
| stur | ja ☐ | eher ja ☐ | eher nein ☐ | nein ☐ |
| hilfsbereit | ja ☐ | eher ja ☐ | eher nein ☐ | nein ☐ |
| zerstritten | ja ☐ | eher ja ☐ | eher nein ☐ | nein ☐ |
| sympathisch | ja ☐ | eher ja ☐ | eher nein ☐ | nein ☐ |
| unfähig | ja ☐ | eher ja ☐ | eher nein ☐ | nein ☐ |
| guter Zusammenhalt | ja ☐ | eher ja ☐ | eher nein ☐ | nein ☐ |
| faul | ja ☐ | eher ja ☐ | eher nein ☐ | nein ☐ |
| angenehm | ja ☐ | eher ja ☐ | eher nein ☐ | nein ☐ |

Alles in allem: Wie zufrieden sind Sie mit Ihren Kollegen?

☹ ☹ ☹ ☺ ☺ ☺ ☺
☐ ☐ ☐ ☐ ☐ ☐ ☐

Quelle:    Neuberger, O./Allerbeck, M. (1978): Messung und Analyse von Arbeitszufriedenheit, Anhang 31.

Die Ausführungen in den vergangenen Kapiteln sind nur ein Bruchteil von dem, was in der wissenschaftlichen Literatur zum Konstrukt Mitarbeiterzufriedenheit existiert. Dennoch sind es genau die Fakten, die notwendig erscheinen, um auf die Frage nach möglichen Auswirkungen der Mitarbeiterzufriedenheit auf die Kundenzufriedenheit eine Antwort zu geben. Das nachfolgende Kapitel wendet sich nun, wie im Vorfeld angekündigt, dem Konstrukt Kundenzufriedenheit zu.

## 5. Kundenzufriedenheit

In den vergangenen Jahrzehnten hat das Thema Kundenzufriedenheit in der marketingwissenschaftlichen und –praktischen Diskussion einen unvergleichlich hohen Stellenwert gewonnen. Der Grund dafür kommt aus der Unternehmenspraxis. Dort wurde Kundenzufriedenheit umso stärker wahrgenommen, je mehr Käufermarktsituationen auftraten. Obwohl es zwar Mitte der 1980er Jahre bereits eine akademische Diskussion über dieses Thema gab, konnte man die Zufriedenheitsforschung als recht junge Wissenschaftsdisziplin bezeichnen, da in dieser Zeit die Managementperspektive von Kundenzufriedenheit als unternehmerische Steuerungsgröße noch nicht im Vordergrund stand. Die wissenschaftliche Auseinandersetzung wurde erst durch den politisch wirksamen Vorwurf einer Vernachlässigung von Kundenanliegen durch private und öffentliche Anbieter ausgelöst. Nach Jahren der Auseinandersetzung war die Forschung Anfang der 1990er Jahre allein im Bereich der Konsumentenzufriedenheit unüberschaubar. Noch immer hält das progressive quantitative Wachstum an und bekommt zusätzliche Impulse.[112] Heute stellt sich die Kundenzufriedenheit als eine Variable dar, die als eine wichtige Voraussetzung für erfolgreiche Kundenbeziehungen angesehen wird und den langfristigen Erfolg von Unternehmen mit determiniert.[113]

### 5.1. Definition der Kundenzufriedenheit

Eine einheitliche und verbindliche Definition für den Begriff Kundenzufriedenheit sucht man in der Literatur vergeblich. *Oliver*[114] definiert

---

[112] Vgl. Stauss, B. (1999): Kundenzufriedenheit, in: Marketing ZFP, Heft 1, 1. Quartal, S. 5.

[113] Vgl. Schaller, C./Stotko, C. M./Piller, F. T. (2006): Mit Mass Customization basiertem CRM zu loyalen Kundenbeziehungen, in: Hippner, H./Wilde, K.D. (Hrsg.): Grundlagen des CRM, S. 129.

[114] Vgl. Oliver, R. (1996): Satisfaction, S. 14.

Kundenzufriedenheit als „...the consumer's fulfillment response. It is a judgment that a product or service feature, or the product or service itself, provided (or is providing) a pleasurable level of consumption related fulfillment, including levels of under- or overfulfillment". In dieser Definition wird noch einmal deutlich, dass das in Kapitel 4.1. beschriebene Konstrukt Zufriedenheit als psychologischer Status einer Person auf einer völlig individuellen Basis und auf rein subjektivem Urteil über eine konkrete Konsumerfahrung basiert. Bei einer anderen Definition von *Kaas* und *Runow*[115] wird Kundenzufriedenheit „... als das Ergebnis eines psychischen Soll-Ist-Vergleichs über Konsumerlebnisse" beschrieben. *Burmann*[116] geht noch einen Schritt weiter. Er sieht Kundenzufriedenheit auch als Ergebnis eines psychischen Vergleichsprozesses, wobei „...Produkterwartungen die Soll-Komponente und die nach dem Kauf subjektiv wahrgenommene Produktleistung die Ist-Komponente bilden". Einen anderen Ansatz bietet *Grund*. Er definiert Kundenzufriedenheit als „...ein multidimensionales Konstrukt mit transaktionsorientierten sowie beziehungsorientierten Komponenten, das mit positiven Empfindungen des Leistungsempfängers verbunden ist".[117]

Fasst man die verschiedene Definitionsansätze zusammen, dann lässt sich für das Konstrukt Kundenzufriedenheit folgende Definition ableiten: Kundenzufriedenheit entsteht als Ergebnis eines Soll-Ist-Ver-

---

[115] Vgl. Kaas, K. P./Runow, H. (1984): Wie befriedigend sind die Ergebnisse der Forschung zur Verbraucherzufriedenheit, in: Die Betriebswirtschaft, Heft 44, S. 452.

[116] Vgl. Burmann, C. (1991): Konsumentenzufriedenheit als Determinante der Marken- und Händlerloyalität, in: Marketing – Zeitschrift für Forschung und Praxis, Heft 13, S. 250.

[117] Vgl. Grund, M. (1998): Interaktionsbeziehungen im Dienstleistungsmarketing: Zusammenhänge zwischen Zufriedenheit und Bindung von Kunden und Mitarbeitern, S. 18.

gleichs, wobei sich das globale Zufriedenheitsurteil auf eine Vielzahl von Beurteilungsmerkmalen bezieht.

## 5.2. Entstehung der Kundenzufriedenheit

Bezug nehmend auf die im vorherigen Kapitel genannte Definition soll im Folgenden die Entstehung der Kundenzufriedenheit näher betrachtet werden.

Im Rahmen der Kundenzufriedenheitsentstehung hat vor allem das Confirmation-Disconfirmation-Paradigma die Zufriedenheitsforschung stark geprägt. Es beschreibt die grundlegenden Mechanismen der Entstehung von Zufriedenheit als Ergebnis eines Soll-Ist-Vergleiches.

Kundenzufriedenheit entsteht als Ergebnis einer positiven subjektiven Beurteilung der wahrgenommenen Qualität eines Produktes oder einer Dienstleistung durch den Kunden. Die Qualitätswahrnehmung geht unmittelbar mit der Nutzung einher und lässt sich als ganzheitliches Urteil eines Kunden, bezüglich der Zwecktauglichkeit eines Produktes oder einer Dienstleistung charakterisieren.[118] Dabei beurteilt jeder Kunde individuell die für ihn relevanten Eigenschaften und vergleicht seine subjektiven Erfahrungen, welche mit der Inanspruchnahme eines Produktes oder einer Dienstleistung verbunden waren, mit seinen Erwartungen, Zielen oder Normen, die in Bezug auf die Leistungen des Anbieters bestehen.[119] Stimmt die tatsächliche erbrachte Leistung mit den Erwartungen überein, kommt es zur Bestätigung (Confirmation). Zur Nicht-Bestätigung (Disconfirmation) kommt es, wenn die Erwartungen des Kunden und die Leistungen des Unternehmens nicht übereinstimmen. Über die Auswirkungen der Bestätigung existieren in der

---

[118]  Vgl. Herrmann, A./Johnson, M. D. (1999): Die Kundenzufriedenheit als Bestimmungsfaktor der Kundenbindung, in: Zeitschrift für Betriebswirtschaftliche Forschung, Nr. 6, S. 582.

[119]  Vgl. Hentschel, B. (2000): Multiattributive Messung von Dienstleistungsqualität, in: Bruhn, M./Stauss, B. (Hrsg.): Dienstleistungsqualität, S. 312.

Literatur zwei Ansichten. So gehen zum Beispiel viele Autoren davon aus, dass Zufriedenheit schon dann eintritt, wenn die Kundenerwartungen erfüllt werden.[120] Andere Autoren sind jedoch der Meinung, dass bei Bestätigung der Erwartung eher Indifferenz entsteht und dass zur Erreichung von Kundenzufriedenheit die Erwartungen übertroffen werden müssen.[121] Liegt die tatsächlich erbrachte Leistung unter der Erwartung des Kunden, dann kommt es zur Unzufriedenheit.[122] Abbildung 12 erfasst diese Zusammenhänge.

**Abbildung 12:** **Entstehung von Zufriedenheit und Unzufriedenheit**

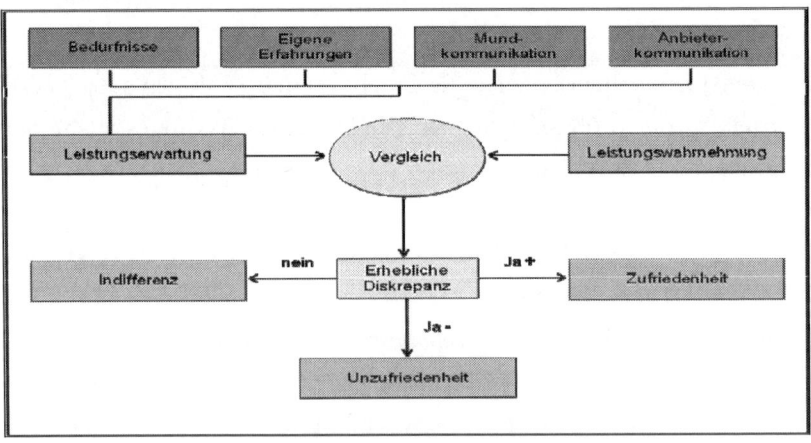

Quelle:   Stauss, B./Seidel, W. (2002): Beschwerdemanagement, S. 56.

Die Theorie, dass die reine Erfüllung von Kundenerwartungen keineswegs zu einem ausgeprägten Gefühl der Zufriedenheit führt, wird

---

[120]   Vgl. Terlutter, R. (2006): Verhaltenswissenschaftliche Beiträge zur Gestaltung von Kundenbeziehungen, in: Hippner, H./Wilde, K. D. (Hrsg.): Grundlagen des CRM, S. 273.

[121]   Vgl. Hill, D. J. (1986): Satisfaction and Consumer Services, in: Advances in Consumer Research, Vol. 16, S. 313.

[122]   Vgl. Terlutter, R. (2006): Verhaltenswissenschaftliche Beiträge zur Gestaltung von Kundenbeziehungen, in: Hippner, H./Wilde, K. D. (Hrsg.): Grundlagen des CRM, S. 273.

durch das Konzept der Toleranzzone gestützt und begründet. Demnach beurteilen Kunden Dienstleistungen anhand von zwei unterschiedlich hohen Erwartungsstandards, indem sie Vorstellungen über das gewünschte und das gerade noch akzeptable Leistungsniveau entwickeln. Das gewünschte Leistungsniveau spiegelt die Idealvorstellung der Erwartung des Kunden über die Qualität der Dienstleistung wider. Im Gegensatz dazu drückt das akzeptable Leistungsniveau das aus Kundenperspektive gerade noch angemessene Niveau aus. Zwischen der gewünschten und der akzeptablen Leistung befindet sich die Toleranzzone. Wie Abbildung 13 exemplarisch zeigt, empfindet der Kunde Indifferenz oder einen geringen Grad an Zufriedenheit, wenn die wahrgenommene Leistung innerhalb der Toleranzzone liegt. Wird der Erwartungsstandard der gewünschten Leistung jedoch überschritten, tritt hohe Kundenzufriedenheit beziehungsweise Kundenbegeisterung ein. Sollte der Erwartungsstandard der akzeptablen Leistung jedoch unterschritten werden, führt dies direkt zur Kundenunzufriedenheit.[123] Die dadurch entstehenden Folgen und Auswirkungen werden im nachfolgenden Kapitel ersichtlich.

---

[123]  Vgl. Stauss B./Seidel, W. (2002): Beschwerdemanagement, S. 57.

**Abbildung 13:    Das Konzept der Toleranzzone**

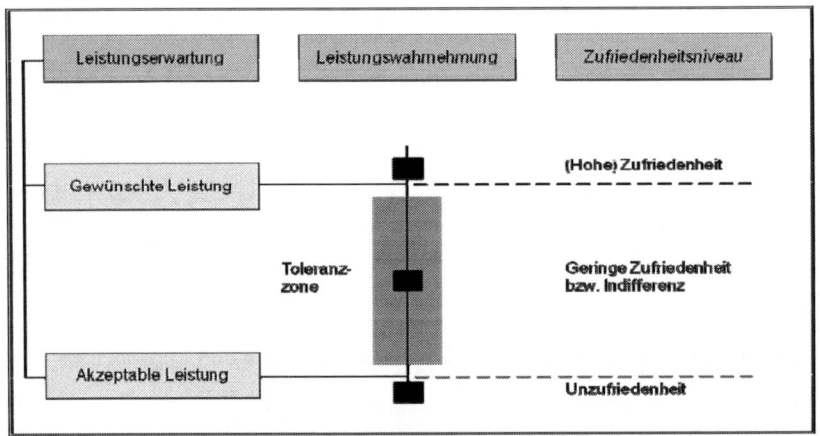

Quelle:    Stauss B./Seidel, W. (2002): Beschwerdemanagment, S. 57.

### 5.3.  Folgen und Auswirkungen der Kundenzufriedenheit

Die Zufriedenheit des Kunden mit der Dienstleistung ist ein wichtiger Faktor für die erneute Inanspruchnahme der Dienstleistung. Mögliche Reaktionen einzelner Kunden auf die Zufriedenheit beziehungsweise Unzufriedenheit sind in Abbildung 14 dargestellt. Diese weist einen positiven Zusammenhang zwischen Zufriedenheit und erneuter Nutzung der Dienstleistung aus. Außerdem zeigt sie, dass Kunden durch ihre Zufriedenheit zu glaubwürdigen Werbeträgern werden, indem sie positive Mundpropaganda betreiben und damit weitere Personen auf die Dienstleistung aufmerksam machen.[124] Unzufriedene Kunden hingegen sind das Sorgenkind jeder Unternehmung. Bestenfalls werden sie sich wegen ihrer Unzufriedenheit beschweren, dann hat das Unternehmen noch die Chance, auf die Beschwerde zu reagieren. Sofern Kunden, ohne die Chance der Wiedergutmachung durch den Anbieter

---

[124]   Vgl. Hippner, H./Rentzmann, R./Wilde, K. D. (2006): CRM aus Kundensicht – Eine empirische Untersuchung, in: Hippner, H./Wilde, K. D. (Hrsg.): Grundlagen des CRM, S. 213.

zu suchen, dessen Angebot für zukünftige Leistungen meiden, kommt es

zu einem Wechsel zur Konkurrenz. Diese abgewanderten Kunden zurückzugewinnen, bedarf dann außergewöhnlicher Anstrengung. Zudem bleibt die Unzufriedenheit für den Dienstleistungsanbieter quasi unsichtbar und ist aus diesem Grund sehr verhängnisvoll. Dieses Verhalten ist nicht nur im Dienstleistungsbereich, sondern auch im Konsumgüterbereich weit verbreitet und stellt die häufigste Unzufriedenheitsreaktion dar. Kann keine Beseitigung der Unzufriedenheit erfolgen, ist von einer Negativwerbung bei Personen des sozialen Umfeldes des ehemaligen Kunden auszugehen.[125] Durchschnittlich erzählen abgewanderte Kunden ihre Unzufriedenheit in Form von negativer Mundpropaganda durchschnittlich 10 bis 12 weiteren Personen.[126]

---

[125] Vgl. Peples, W. (2008): Grundzüge des Beschwerdemanagement, in: Helmke, S./Uebel, M. F./Dangelmaier, W. (Hrsg.): Effektives Customer Relationship Management, S. 105.

[126] Vgl. Bruhn, M. (2003): Qualitätsmanagement für Dienstleistungen, S. 7.

**Abbildung 14:** Reaktionen auf Zufriedenheit beziehungsweise Unzufriedenheit

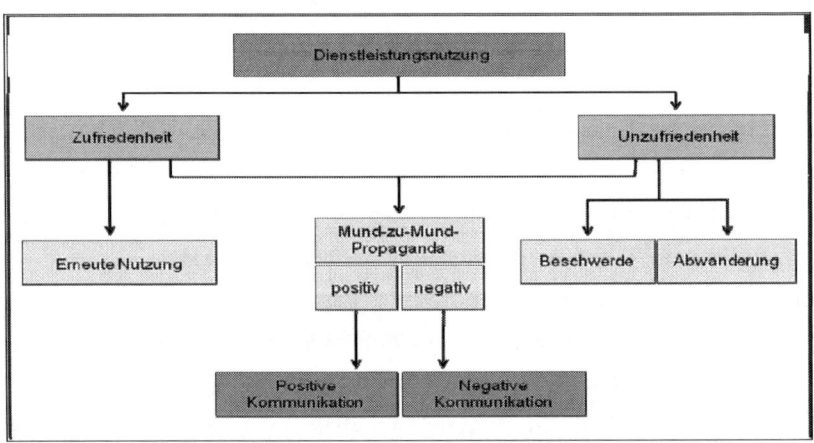

Quelle:    Eigene Darstellung in Anlehnung an Homburg, C./Becker, A./Hentschel, F. (2005): Der Zusammenhang zwischen Kundenzufriedenheit und Kundenbindung, in: Bruhn,M./Homburg, C. (Hrsg.): Handbuch Kundenbindungsmanagement, S. 98.

### 5.4. Zusammenhang zwischen Kundenzufriedenheit und Kundenbindung

Folgt man der Wissenschaft oder auch der Praxis, dann wird die Kundenzufriedenheit als wesentlicher Bestimmungsfaktor der Kundenbindung angesehen.[127] So wird in zahlreichen empirischen Untersuchungen ein positiver Zusammenhang zwischen Kundenzufriedenheit und der daraus resultierenden Kundenbindung festgestellt, wobei vielfach ein ansteigender oder sattelförmiger Verlauf der Beziehung unterstellt wird.[128] Diese Aussage wird von der klassischen Wirkungskette (siehe Abbildung 15) gestützt, welche durchlaufen werden muss, um

---

[127]   Vgl. Herrmann, A./Johnson, M. D. (1999): Die Kundenzufriedenheit als Bestimmungsfaktor der Kundenbindung, in: Zeitschrift für Betriebswirtschaftliche Forschung, Nr. 6, S. 579.

[128]   Vgl. Homburg, C./Giering, A./Hentschel, F. (1999): Der Zusammenhang zwischen Kundenzufriedenheit und Kundenbindung, in: Die Betriebswirtschaft, Nr. 2, S. 182ff.

Kundenbindung und die daraus resultierenden ökonomischen Erfolge zu erzielen.

Stark vereinfacht sind hierbei fünf wesentliche Phasen zu unterscheiden. In der ersten Phase beginnt die Wirkungskette durch den Erstkontakt des Kunden. Dieser wird durch die Inanspruchnahme einer Leistung oder durch den Kauf eines Produktes hervorgerufen. Es schließt sich die zweite Phase an, in der der Kunde die erhaltene Leistung beziehungsweise das Produkt bewertet und sich, wie in Kapitel 5 bereits beschrieben, ein persönliches Zufriedenheitsurteil bildet. Fällt das Zufriedenheitsurteil des Kunden grundsätzlich positiv aus oder werden seine Erwartungen sogar deutlich übertroffen, kann in der dritten Phase Kundenloyalität entstehen. Hierunter ist ein sehr enges positives Vertrauensverhältnis des Kunden zum Unternehmen zu verstehen. In dieser Phase ist der Kunde überzeugt von der Leistungsfähigkeit und wird deshalb eine sehr geringe Wechselbereitschaft aufweisen. Genau an diesem Punkt lässt sich auch der Übergang zur vierten Phase, der Kundenbindung, realisieren. Diese wird sich aufgrund der positiven Grundeinstellung dem Unternehmen gegenüber in tatsächlichen Wiederkäufen, Cross- und Up-Selling-Käufen beziehungsweise in Weiterempfehlungen durch den Kunden niederschlagen. Die positiven Effekte der Kundenbindung zeigen sich schließlich in Phase fünf mit einer Steigerung des ökonomischen Erfolgs.[129]

---

[129]  Vgl. Homburg, C./Bruhn, M. (2005): Kundenbindungsmanagement. Eine Einführung in die theoretischen und praktischen Problemstellungen, in: Bruhn, M./Homburg, Ch. (Hrsg.): Handbuch Kundenbindungsmanagement, S. 10f.

**Abbildung 15:     Wirkungskette der Kundenbindung**

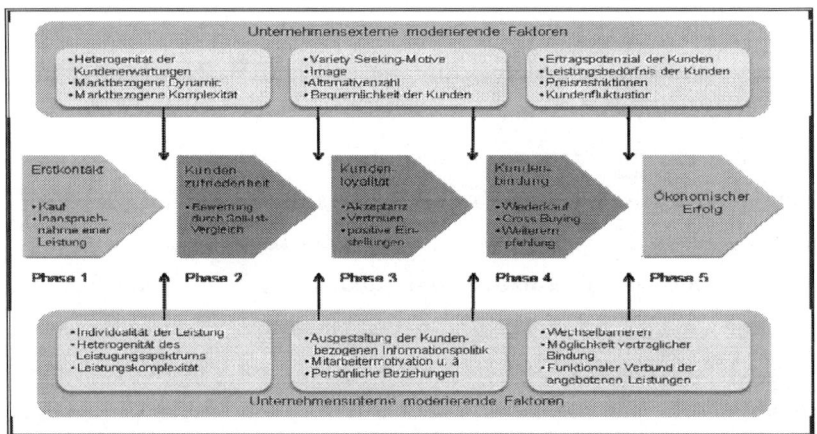

Quelle:     Homburg, C./Bruhn, M. (2005): Kundenbindungsmanagement, S. 10.

Zudem weisen die in der Literatur existierenden empirischen Befunde oftmals darauf hin, dass es unterschiedliche Auswirkungen nach einer Steigerung der Zufriedenheit auf die Erhöhung der Kundenbindung geben kann.[130] Besonders zu erwähnen ist in diesem Zusammenhang der Bericht von *Herrmann* und *Johnson*,[131] der zwei wesentliche Einflussfaktoren darlegt. Demnach gibt es Unterschiede hinsichtlich der Stärke des Einflusses der Kundenzufriedenheit auf die Kundenbindung in Abhängigkeit der Branche. So variiert dieser Einfluss zwischen 0,19 und 0,59. Dabei sind diese Werte umso geringer, je stärker der Wirtschaftsbereich mono- oder oligopolistisch strukturiert ist und umso höher, je intensiver der Wettbewerb in einem Sektor ist. Außerdem konnten unterschiedliche Auswirkungen in Abhängigkeit des Zufriedenheitsniveaus auf die Kundenbindung nachgewiesen werden, was

---

130    Vgl. Gerpott, T. (2000): Kundenbindung: Konzepteinordnung und Bestandaufnahme der neueren empirischen Forschung, in: Die Unternehmung, 54. Jg., Nr. 1, S. 28ff.

131    Vgl. Herrmann, A./Johnson, M. D. (1999): Die Kundenzufriedenheit als Bestimmungsfaktor der Kundenbindung, in: Zeitschrift für Betriebswirtschaftliche Forschung, Nr. 6, S. 580.

bedeutet, dass jeder Kunde als Individuum gesehen werden muss und dass eine hohe Zufriedenheit nicht zwangsläufig zu einer hohen Kundenbindung führen muss.

## 5.5. Zusammenhang zwischen Dienstleistungsqualität und Kundenzufriedenheit

Die Erstellung einer hohen Dienstleistungsqualität und die Bedeutung der Zufriedenstellung des Kunden haben sich in den vergangenen Jahren zu einem zentralen Wettbewerbsfaktor entwickelt. Auf der Suche nach einem Zusammenhang der beiden Begriffe war es vorrangig notwendig, die Abgrenzungen zwischen Dienstleistungsqualität und Kundenzufriedenheit zu betrachten. In der Literatur wird eine Abgrenzung nicht einheitlich vorgenommen. So wird die Kundenzufriedenheit eher einzelnen Transaktionen und damit einer transaktionalen Perspektive zugeordnet, während die Dienstleistungsqualität eher auf einer globalen Betrachtungsebene angesiedelt ist. Des Weiteren ist sichtbar, dass die Kundenzufriedenheit immer auf die Sicht des Kunden bezogen ist, während der Begriff der Dienstleistungsqualität prinzipiell auch andere Sichtweisen zulässt.[132] Abbildung 16 zeigt, dass sich beide Konstrukte im Zeitablauf gegenseitig beeinflussen.

Demnach beeinflusst die auf einer globalen Betrachtungsebene angesiedelte wahrgenommene Dienstleistungsqualität die Kundenzufriedenheit auf der Ebene der einzelnen Transaktion. Im zunehmenden Zeitverlauf wirken sich diese auf globaler Ebene aus und verändern die wahrgenommene Dienstleistungsqualität. Anschließend wiederholt sich dieser Verlauf, sodass die Zufriedenheit mit der nachfolgenden Transaktion wiederum durch die wahrgenommene Dienstleistungsqualität beeinflusst wird.[133]

---

[132] Vgl. Meffert, H./Bruhn, M. (2006): Dienstleistungsmarketing, S. 289.
[133] Vgl. Meffert, H./Bruhn, M. (2006): Dienstleistungsmarketing, S. 289.

**Abbildung 16:    Dienstleistungsqualität und Kundenzufriedenheit**

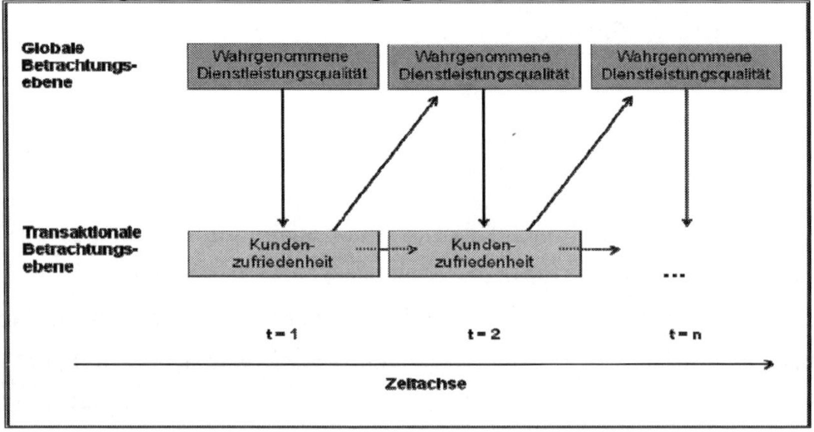

Quelle: Siefke, A. (1997): Zufriedenheit mit Dienstleistungen, S. 63.

## 5.5. Das GAP-Modell

Nachdem man festgestellt hat, dass die Wahrnehmung des Kunden in Bezug auf die Dienstleistungsqualität unmittelbaren Einfluss auf seine Zufriedenheit hat, stellt sich nun die Frage, wie sich die Dienstleistungsqualität ermitteln lässt. In der Wissenschaft wurden verschiedene Modelle zur Ermittlung der Dienstleistungsqualität entwickelt. Besondere Bedeutung hat in diesem Zusammenhang das von *Parasuraman, Zeithaml* und *Berry*[134] entwickelte GAP-Modell gefunden.[135]

Hierbei handelt es sich um ein Modell zur Erklärung der Dienstleistungsqualität. Es dient dazu, die Entstehung der Qualitätswahrnehmung einer Dienstleistung durch den Kunden zu beschreiben. Grundlegend für das GAP-Modell ist dabei die Zweiteilung in die Ebenen

---

[134]  Vgl. Parasuraman, A./Zeithaml, V. A./Berry, L. (1985): A Conceptual Model of Service Quality and its Implication for future Research, in: Journal of Marketing, Vol. 49, No. 1, S. 42.

[135]  Vgl. Bruhn. M/Meffert, H. (2002): Wettbewerbsüberlegenheit durch exzellentes Dienstleistungsmarketing, in: Exzellenz im Dienstleistungsmarketing – Fallstudien zur Kundenorientierung, S. 20.

Dienstleister und Kunde. Mit dieser Teilung weist das Modell auf die verschiedenen Integrationsbeziehungen zwischen Dienstleistungsanbieter und Dienstleistungskunde hin.[136]

**Abbildung 17: Das GAP-Modell der Dienstleistungsqualität**

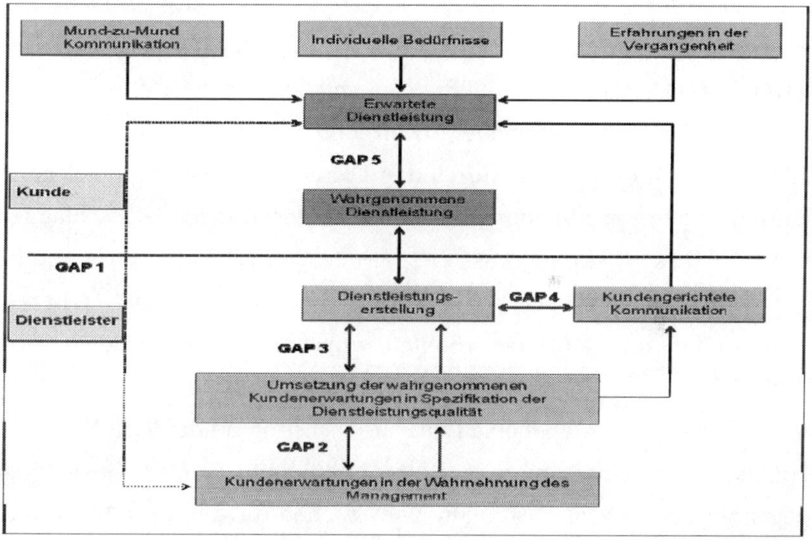

Quelle:    Zeithaml, V. A./Berry, L. L./Parasuraman, A. (1988): Comunication and Control Processes in the Delivery of Service Quality, in: Journal of Marketing, Vol. 52, No. 4, S. 44.

Zwischen den Wahrnehmungen der Kunden und den Vorstellungen in Bezug auf die Dienstleistungsqualität in den Unternehmen identifizieren die Autoren fünf Konfliktbereiche, sogenannte GAPs. Deren Charakter und Einflussfaktoren werden wie folgt dargestellt. Der erste Konfliktbereich zeigt eine Diskrepanz zwischen den Kundenerwartungen und deren Wahrnehmung durch das Dienstleistungsmanagement. Die Erwartungen des Kunden gegenüber dem Dienstleistungsanbieter begründen sich aus ihren individuellen Bedürfnissen, ihren Erfahrungen in der Vergangenheit und durch die Einstellungen, welche aus

---

[136]   Vgl. Bruhn, M. (2003): Qualitätsmanagement für Dienstleistungen, S. 386.

Mund-zu-Mund-Kommunikation aufgebaut wurde. Stimmen diese entsprechenden Erwartungen nicht mit den durch das Management wahrgenommenen Kundenerwartungen überein, entsteht GAP 1. Bei der Minimierung dieser Diskrepanz muss der exakten Erfassung der Kundenanforderungen an die Dienstleistung besonderes Gewicht beigemessen werden, da GAP 1 auch das Ausmaß der übrigen GAPs determiniert. Der nächste Konfliktbereich entsteht durch eine Diskrepanz zwischen den vom Management wahrgenommenen Kundenerwartungen und der Interpretation durch den Dienstleister mit anschließender Umsetzung in Spezifikation der Dienstleistungsqualität. Ausschlaggebend für diese Diskrepanz ist die gezielte Weiterleitung der wahrgenommenen potenziellen Probleme beziehungsweise positiven Ereignisse an die verantwortlichen Stellen, wobei vor allem auf den besonderen Einfluss der Interpretation hingewiesen werden muss. Des Weiteren fehlt es dem Management oft an Erfahrung im direkten Kundenkontakt, sodass der internen Kommunikation und der Einstellung gegenüber den Dienstleistungen als Ursachen für die Entstehung von GAP 2 besondere Bedeutung zukommt. GAP 3 ergibt sich aus der Diskrepanz zwischen den Spezifikationen der Dienstleistungsqualität und der tatsächlich erstellten Dienstleistung. Verursachende Faktoren für eine spezifikationsgemäße Realisierung der Dienstleistung sind Personalanforderungen und -motivationen, technische Gegebenheiten, Kontrollmechanismen oder nicht beeinflussbare Umfeldfaktoren. Den vorletzten Konfliktbereich stellt GAP 4 dar. Dieser zeigt den Unterschied zwischen der tatsächlich erstellten Dienstleistung und der an den Kunden gerichteten Kommunikation über die Dienstleistung auf. Mit der Diskrepanz zwischen den Erwartungen an die Dienstleistung durch den Kunden und der tatsächlich wahrgenommenen Dienstleistung bringt GAP 5 das Modell zum Abschluss. Diese Diskrepanz hängt weitgehend von der Bedeutung und dem Ausmaß der vorangegangen GAPs ab. Somit kann durch Minimierung der vorangegangenen vier

GAPs die Differenz zwischen der erwarteten und der real erlebten Dienstleistung verringert werden. Sofern die wahrgenommene Dienstleistungsqualität die Kundenerwartungen erfüllt beziehungsweise übertrifft, kann damit zu einem sehr gutem Service beitragen werden.[137]

---

[137] Vgl. Zeithaml, V. A./Parasuraman, A./Berry, L. L. (1992): Qualitätsservice, S. 66ff.

## 6. Praxisteil – Befragung von zwei Dienstleistungsunternehmen

Der theoretische Teil der Arbeit beschäftigte sich mit den wesentlichen Grundlagen der Mitarbeiter- und Kundenzufriedenheit. Nun wendet sich die Arbeit mit einer empirischen Analyse dem praktischen Teil zu. Auf der theoretischen Grundlage von GAP 1 soll durch eine Befragung von Mitarbeitern und Kunden herausgearbeitet werden, ob es zu Differenzen hinsichtlich der Kundenerwartungen gegenüber den erstellten Leistungen der Mitarbeiter kommt. Weiterhin ist es das Ziel, durch die Befragung der Mitarbeiter innerbetriebliche Konfliktbereiche aufzudecken, da diese, wie in Kapitel 4.3. ausführlich beschrieben, einen wesentlichen Einfluss auf die Motivation der Mitarbeiter und somit auf ihre berufliche Tätigkeit haben. Anschließend besteht dann die Möglichkeit, Rückschlüsse auf die Auswirkungen der Mitarbeiterzufriedenheit auf die Kundenzufriedenheit zu ziehen.

Wie bereits erwähnt, wurde in der Vergangenheit häufig der Versuch unternommen, einen Zusammenhang beider Konstrukte anhand verschiedener Dienstleistungsunternehmen darzustellen. Dieser Versuch fehlt bisher in der Fitnessbranche. Aus diesem Grund befasst sich die empirische Analyse in diesem Kapitel mit den Auswirkungen der Mitarbeiterzufriedenheit auf die Kundenzufriedenheit am Beispiel von zwei Fitnessanlagen. Die Fitnessbranche als Dienstleistungssektor unterscheidet sich in ihren Leistungen von anderen Dienstleistungsbranchen und zudem erheblich von Sachgüterunternehmen,[138] deshalb soll an dieser Stelle kurz auf deren Besonderheiten eingegangen werden.

Eine Fitnessanlage wird diesbezüglich als Sporteinrichtung definiert, welche sich durch einen angemessenen Standard ihres Angebotes auszeichnet. Das Leistungssystem einer Fitnessanlage ist folglich durch

---

[138]  Vgl. Stauss, B./Seidel, W. (2007): Beschwerdemanagement, S. 49.

Sport und Erholung gekennzeichnet. Die angebotenen Leistungen ergeben sich hierbei aus der Kombination von Sachgütern (bspw. Fitnessgeräte) und Dienstleistungen (bspw. Trainingsbetreuung durch die Trainer). Die Fitnessleistungen werden an die Kunden weitergegeben, wobei diese als externer Faktor in den Leistungserstellungsprozess integriert werden. Die Leistung, welche auf dem direkten, unmittelbaren Kontakt zwischen Mitarbeiter und Kunden basiert, wird am Kunden erbracht. Er ist zur Leistungserbringung erforderlich und determiniert ebenso die Qualität beziehungsweise den Erfolg der Leistung.[139]

Der Sport und die Entspannung stellen die Kernleistungen einer Fitnessanlage dar. Die Nebenleistungen definieren sich anhand zusätzlicher Dienstleistungsfunktionen. Sie bilden ein Unterscheidungsmerkmal, wodurch sich eine Fitnessanlage gegenüber den Wettbewerbern abheben kann. Aus diesem Grund fällt das Spektrum dieser Leistungen in der Fitnessbranche sehr unterschiedlich aus. Zu diesen Leistungen gehören beispielsweise Massagen, Kinderbetreuung oder Outdooraktivitäten.[140]

Dienstleistungen in Fitnessanlagen sind zudem äußerst personal- und interaktionsintensiv. Die Wahrnehmung und Beurteilung der Dienstleistungsqualität seitens des Kunden werden daher unmittelbar vom kundenorientierten Verhalten des Personals beeinflusst. Das Ausmaß und die Bedeutung des persönlichen Kontaktes zwischen Kunden und Mitarbeitern werden dazu hauptsächlich durch die jeweilige Preiskategorie der Fitnessanlage bestimmt. Zudem charakterisiert die Bedeutung des persönlichen Kontaktes in Verbindung mit der Dominanz der Dienstleistungsaspekte und der Individualität der Leistungserstellung die Fitnessleistungen als Erfahrungsgüter. Demnach fällt es dem Kun-

---

[139]  Vgl. Gardini, M. A. (2004): Marketingmanagement in der Hotellerie, S. 21ff.
[140]  Vgl. Gardini, M. A. (2004): Marketingmanagement in der Hotellerie, S. 42.

den schwer, vor der Inanspruchnahme der Dienstleistung deren Leistungsfähigkeit zu beurteilen. Diese Beurteilung ist erst im Anschluss an die Nutzung möglich. Somit ist der Kunde einem hohen Nutzungsrisiko ausgesetzt. Darüber hinaus sind die Fitnessdienstleistungen durch Immaterialität geprägt. Dies impliziert ebenfalls eine hohe Unsicherheit seitens des potenziellen Kunden in Bezug auf dessen Kaufentscheidung beziehungsweise seiner Beurteilung vor der Leistungsinanspruchnahme. Darüber hinaus sind sie weder lager- noch transportfähig. Beispielsweise kann die Nichtlagerung eines Probetrainings zu einem bestimmten Zeitpunkt nicht auf einen späteren verlegt werden. Diese Leistung gilt somit als verfallen. Die Erstellung und der Absatz der Fitnessleistungen fallen nach dem so genannten Uno-actu-Prinzip synchron zusammen. Die Erstellung der Leistung muss daher zeitlich mit dem Absatz und Konsum synchronisiert und örtlich mit der Nachfrage in Einklang gebracht werden. Demzufolge müssen die Fitnessleistungen zu dem Zeitpunkt und an dem Ort zur Verfügung stehen, wann und wo sie nachgefragt werden. Sie sind folglich standortgebunden. Ein Ausgleich von beispielsweise saisonbedingten Nachfrageschwankungen ist nur durch Mitgliedschaften, bei denen Kunden sich verpflichten, über einen bestimmten Zeitraum die Leistung zu nutzen, erreichbar. Nur so ist es möglich, die hohen Fixkosten einer Fitnessanlage zu decken.[141]

Bei den für diese Untersuchung ausgewählten Unternehmen handelt es sich um zwei in Norddeutschland ansässige Fitnessanlagen. Diese stehen wirtschaftlich in keinem Zusammenhang. Bei der Auswahl der Anlagen wurde besonderer Wert auf ein identisches Angebot gelegt. Somit ist gewährleistet, dass es im Anschluss an die Analyse nicht zu Verzerrungen im Vergleich der Daten kommt. Demzufolge verfügen beide Unternehmen über einen Saunabereich, eine Trainingsfläche,

---

[141]   Vgl. Gardini, M. A. (2004): Marketingmanagement in der Hotellerie, S. 20.

Kursräume, einen Check-In/Bar-Bereich, Umkleidekabinen mit WC und Duschen sowie eine Verwaltungsabteilung.

Beide Unternehmen waren sehr erfreut über eine wissenschaftliche Auseinandersetzung mit ihrem Unternehmen. Aufgrund der Sensibilität der Daten wurde jedoch darum gebeten, die Namen sowie die Standorte der Fitnessanlagen nicht aufzuführen.

### 6.1. Informationen zu den Befragungen

In keiner der beiden Anlagen hat jemals eine Analyse der Kundenzufriedenheit stattgefunden. Somit liegen Kennzahlen über Kundenzufriedenheit nicht vor. Damit bestand die Notwendigkeit, eine Kundenzufriedenheitsbefragung durchzuführen, bei der Daten über die Zufriedenheit des Personals beim Check-In/Bar-Bereich, im Geräte- und Kursbereich sowie der Reinigungsabteilung erhoben werden können. Der hierfür modifizierte Fragebogen (Anlage 1) wurde in fünf Subskalen gruppiert. Innerhalb dieser Subskalen konnte jeder Befragte nur eine Antwort pro Frage abgeben. Die einzige Ausnahme ist Frage drei. Hier wurde der Teilnehmer gefragt, welchen Bereich der Anlage er nutzt. Als Antwortmöglichkeit stand der Geräte-, Kurs- und Saunabereich zur Verfügung. Sobald ein Teilnehmer hierbei alle drei Antworten angekreuzt hatte, musste er auch alle weiteren Fragen zu den Bereichen beantworten. Dementsprechend bekam ein Teilnehmer keine Möglichkeit, weitere Fragen zu einem nicht angekreuzten Bereich zu beantworten.

Parallel zur Kundenbefragung wurde eine Mitarbeiterbefragung durchgeführt. Aufgrund der Individualität der Forschungsfrage, konnte keines der im Vorfeld beschriebenen Verfahren zur Messung der Mitarbeiterzufriedenheit ganzheitlich verwendet werden. Lediglich eine Abwandlung der SAZ war möglich. Wobei auch hier keine inhaltlichen Fragen, sondern lediglich die Struktur der SAZ verwendet werden konnte. Mit der individuell erstellten Befragung wurden Daten zur

Motivation und Zufriedenheit des Mitarbeiters mit seiner jeweiligen Position im Unternehmen eingeholt. Um bei der späteren Auswertung zwischen den Tätigkeitsfeldern differenzieren zu können, wurde der Fragebogen in vier Subskalen eingeteilt. Dabei beinhaltete die erste Kategorie drei Fragen zu soziodemografischen Aspekten wie Geschlecht, Alter und Arbeitsbereich des Mitarbeiters. Die zweite Kategorie umfasst fünf Fragen über die Tätigkeit selbst. Bei der nächsten Kategorie wurden sieben Fragen zu Kollegen und Vorgesetzten und bei der letzten Kategorie drei Fragen zum Betriebsklima und der Bezahlung gestellt. In dem Fragebogen wurde bis auf zwei Ausnahmen stets eine Skala mit fünf Antwortmöglichkeiten vorgegeben, von denen jeder Mitarbeiter eine ankreuzen sollte. Um das Geschriebene zu verdeutlichen, ist der vollständige Fragebogen am Ende dieser Arbeit unter Anlage 2 hinterlegt.

In beiden Unternehmen wurde darum gebeten, dass die Mitarbeiterbefragung nur fünf Minuten in Anspruch nehmen sollte. Damit wurde sichergestellt, dass diese den Arbeitsablauf nicht behindert. Aus diesem Grund wurde im Vorfeld ein Pretest mit einer vergleichbaren Zielgruppe durchgeführt. Im Ergebnis zeigte sich, dass alle Fragen unmissverständlich formuliert und auch die vorgegebenen fünf Minuten nicht überschritten wurden.

## 6.2. Durchführung der Befragung

Für die Erhebungsmethode wurde, nach anfänglich konstruktiver Diskussion mit der Geschäftsleitung von Unternehmen B, die computergestützte, schriftliche Form eines Fragebogens gewählt. Unternehmer B äußerte sein Missfallen an einer Onlinebefragung. Er befürchtete durch die Befragung aller Kunden, sogenannte schlafende Kunden zu wecken. Darunter werden laut Aussage von Unternehmer B Kunden verstanden, die in regelmäßigen Raten ihren Mitgliedsbeitrag bezahlten, aber die Anlage länger als vier Monate nicht mehr besucht hatten. Diese Befürchtung war durchaus berechtigt, weil beim Kontaktieren dieser Personen die Wahrscheinlichkeit gegeben ist, in den folgenden Tagen eine Kündigung von ihnen zu bekommen. In Unternehmen B gab es zu diesem Zeitpunkt 67 dieser Kunden. Im Ergebnis dieser Diskussion wurde festgelegt, sogenannte schlafende Kunden von der Befragung auszuschließen.

Im Unternehmen A gab es diesbezüglich keine Bedenken.

Für die Onlinebefragung wurde die für wissenschaftliche Befragungen kostenlos zur Verfügung stehende Software ofb (onlineFragebogen) genutzt. Nach anfänglichen Schwierigkeiten in Bezug auf die Programmierung der Fragen, stand den Mitarbeitern und den Kunden von Unternehmen A und B ab dem 01.11.2010 ein Zugangslink zu dem entsprechenden Fragebogen zur Verfügung. Der Befragungszeitraum wurde auf zweieinhalb Wochen begrenzt, damit es nicht zu Verzerrungen im Ergebnis kommt.

Um eine repräsentative Rücklaufquote bei der Kundenbefragung zu gewährleisten, wurden die Kunden in beiden Anlagen mit einem postalischen Anschreiben (Anlage 3) gebeten, an der Befragung teilzunehmen. Zusätzlich wurde denjenigen Kunden, die über eine E-Mail-Adresse verfügen, eine E-Mail geschickt. Sie hatte den Vorteil, dass der Kunde direkt nach Erhalt auf den Zugangslink klicken und zeitnah mit der Beantwortung beginnen konnte. Darüber hinaus wurden sämtliche Kunden beim Check-In auf die Befragung aufmerksam gemacht. Einfacher verlief die Bekanntmachung für die Mitarbeiterbefragung. Hierfür wurde jeder Mitarbeiter während seiner Arbeitszeit gebeten, an einem frei wählbaren PC die anonyme Mitarbeiterbefragung durchzuführen.

### 6.3. Auswertungen der Fragebögen

Da alle Fragebögen durch die Software *ofb* erfasst wurden, konnten die erhobenen Daten ohne Probleme in eine Excel-Tabelle übertragen und dort weiterverarbeitet werden.

Im weiteren Verlauf dieser Arbeit werden beide Fitnessanlagen in einer Einzelbetrachtung dargestellt. In der darauffolgenden Auswertung der Kundenbefragungen werden Zufriedenheitswerte für die jeweiligen Bereiche ermittelt.

### 6.3.1. Unternehmen A

Im Unternehmen A trainieren zurzeit 563 Mitglieder. Dazu kommen ca. 180 Kunden, die eine Zehnerkarte für die Kurse, die Sauna oder die Gerätefläche nutzen. Des Weiteren besuchen im Durchschnitt zehn Kunden pro Monat Unternehmen A mit einer Tageskarte. Wegen der Irrelevanz und der Vielzahl von verschiedenen Mitgliedschaftsformen, die sich im Angebot, im Preis sowie in der Laufzeit unterscheiden, soll hier nur der Durchschnittspreis von 46,34 €/Monat erwähnt werden.[142] Dieser errechnet sich wie folgt: Jedes einzelne Mitglied zahlt einen individuellen Beitrag für die in Anspruch genommene Leistung. Diese einzelnen Beiträge werden dann summiert und durch den aktuellen Mitgliederstand dividiert. Bei dem Durchschnittspreis wird deutlich, dass die Zufriedenheit der Mitglieder mit der Leistungserstellung des Dienstleistungsanbieters von hoher Relevanz für den wirtschaftlichen Erfolg des Unternehmens ist. Legt man den Fokus auf die Mitgliederzahl und sind von diesen fünf Prozent mit einem oder mehreren Punkten unzufrieden, und verlassen deswegen die Anlage, bedeutet das zur Zeit einen Rückgang von 29 Mitgliedern. Multipliziert mit dem Durchschnittspreis von 46,34 € ergäbe das einen Verlust von 1.343,86 € pro Monat.

---

[142]    Stand 03.01.2011.

Unternehmen A beschäftigt zurzeit einen Studioleiter, fünf Kurs- und fünf Gerätetrainer. Für den Check-In/Bar-Bereich sind vier weitere Mitarbeiter zuständig. Zudem sind zwei weitere Mitarbeiter für Verwaltungsaufgaben und Marketing angestellt. Das Reinigungspersonal setzt sich aus drei Personen zusammen, dabei ist jedoch erwähnenswert, dass es sich hierbei um eine externe Dienstleistung handelt. Von den 17 internen Mitarbeitern sind sechs fest angestellt. Die restlichen elf Mitarbeiter werden pauschal bei Bedarf, jedoch regelmäßig mindestens fünf Stunden pro Woche gebucht.[143]

### 6.3.1.1. Rückläufe der Befragungen

Die Mitarbeiterbefragung fand im Zeitraum von zwei Wochen statt. Dieser Zeitraum gewährleistete, dass sich jeder Mitarbeiter von Unternehmen A an der Mitarbeiterbefragung beteiligen konnte.

Eine Beteiligung von 100 Prozent konnte hingegen bei der Kundenbefragung nicht erzielt werden. Lediglich 259 von den 563 Mitgliedern nahmen an der Befragung teil. Es kann davon ausgegangen werden, dass ein längerer Zeitraum für die Befragung nur zu einer geringfügig höheren Antwortquote geführt und eine Gegenwartsbefragung in Frage gestellt hätte. Aufgrund der Rücklaufquote von 46 Prozent besteht ein repräsentatives Ergebnis. Keiner der Fragebögen war fehlerhaft, da jeder Fragebogen nur abgeschickt und somit gespeichert werden konnte, wenn der Befragte ihn ordnungsgemäß und vollständig ausgefüllt hatte.

### 6.3.1.2. Ergebnisse der Mitarbeiterbefragung

Im Folgenden soll primär auf die Fragen zur Gesamtzufriedenheit, welche sich am Ende der Teile II, III und IV des Mitarbeiterfragebogens befinden, eingegangen werden. Die anderen Fragen wurden vor-

---

[143]  Stand 03.01.2011.

rangig für die Unternehmer A und B gestellt. Sie dienen jedoch unterstützend zur Erklärung bei extremen Unterscheidungen in Bezug auf die Gesamtzufriedenheitsfragen.

Am Ende von Teil II stehen zwei Fragen zur Gesamtzufriedenheit mit der Tätigkeit und dem Arbeitgeber.

Abbildung 18 zeigt, wie zufrieden die Mitarbeiter der verschiedenen Bereiche insgesamt gesehen mit ihrer Tätigkeit sind. Besonders auffällig ist hierbei die extrem unterschiedliche Auffassung, welche die Mitarbeiter aus dem Bereich Reinigung im Gegensatz zu allen anderen Mitarbeitern des Unternehmen A haben. Einen Erklärungsansatz für die Unzufriedenheit der Mitarbeiter aus diesem Bereich bieten die Fragen vier und fünf des Fragebogens. Demnach äußerten die Mitarbeiter in Frage vier, dass sie weniger zufrieden mit Ihrer Arbeit sind. Begründet wird diese Aussage z. B. in den Antworten aus Frage fünf, in der die Mitarbeiter angeben, einer viel zu hohen Arbeitsbelastung in diesem Bereich ausgesetzt zu sein. Dennoch bleibt ungeklärt, ob nicht andere bisher noch nicht untersuchte Ursachen für diese Unzufriedenheit verantwortlich sind.

**Abbildung 18:** **Frage 7 des Mitarbeiterfragebogens von Unternehmen A**

Quelle:     Eigene Darstellung.

Bei der Frage nach der Zufriedenheit mit dem Unternehmen als Arbeitgeber zeigt sich in etwa das gleiche Bild wie bei Abbildung 18. Die Mitarbeiter des Kursbereiches geben auch hier an, vollkommen zufrieden mit ihrem Unternehmen als Arbeitgeber zu sein. Betrachtet man die Fragen vier und fünf, dann könnte sich diese Zufriedenheitsausprägung aus folgender Kausalkette ergeben. Da die Mitarbeiter aus dem Kursbereich ihre Arbeitsbelastung als genau richtig einschätzen, gefällt ihnen ihre Arbeit sehr gut. Demzufolge sind sie insgesamt gesehen vollkommen zufrieden mit ihrer Tätigkeit.

**Abbildung 19:** **Frage 8 des Mitarbeiterfragebogens von Unternehmen A**

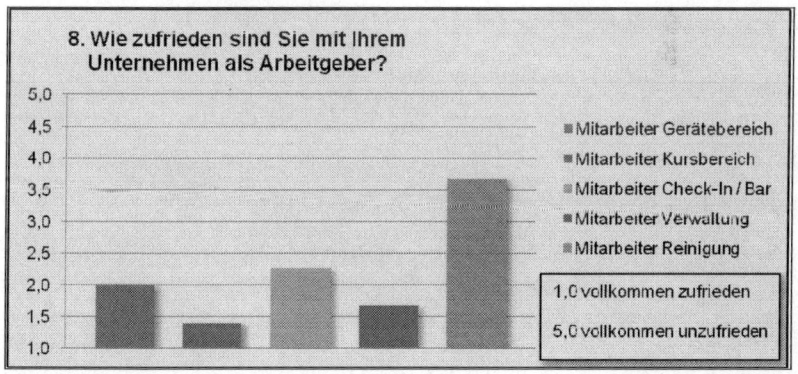

Quelle:    Eigene Darstellung.

Der Fragenkomplex Kollegen und Vorgesetzte schließt mit den Fragen 14 und 15. Bei der Frage nach der Zufriedenheit mit dem Vorgesetzten geben die Mitarbeiter aus dem Gerätebereich und der Verwaltung eine eher mittelmäßige Zufriedenheit an (2,6 und 2,7). Vollkommen zufrieden mit ihrem Vorgesetzten sind die Mitarbeiter aus dem Check-In/Bar-Bereich (1,3). Auch die Mitarbeiter aus dem Kursbereich und dem Bereich Reinigung geben an, zufrieden mit ihrem Vorgesetzten zu sein (1,8 und 2,0).

**Abbildung 20:**   Frage 14 des Mitarbeiterfragebogens von Unternehmen A

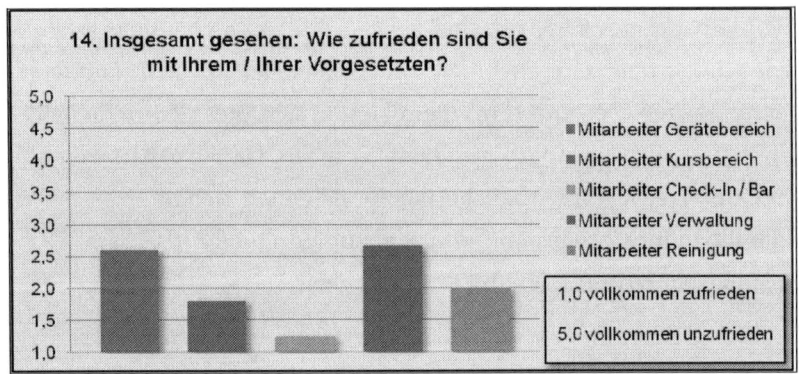

Quelle:   Eigene Darstellung.

Die Frage 15 löst in den Mitarbeitern der Reinigung, im Gegensatz zu den anderen Bereichen, weniger Zufriedenheit aus (4,0). Dies deutet darauf hin, dass es Differenzen hinsichtlich der Arbeitsweise und/oder Kommunikationsprobleme speziell in diesem Bereich gibt.

**Abbildung 21:**   Frage 15 des Mitarbeiterfragebogens von Unternehmen A

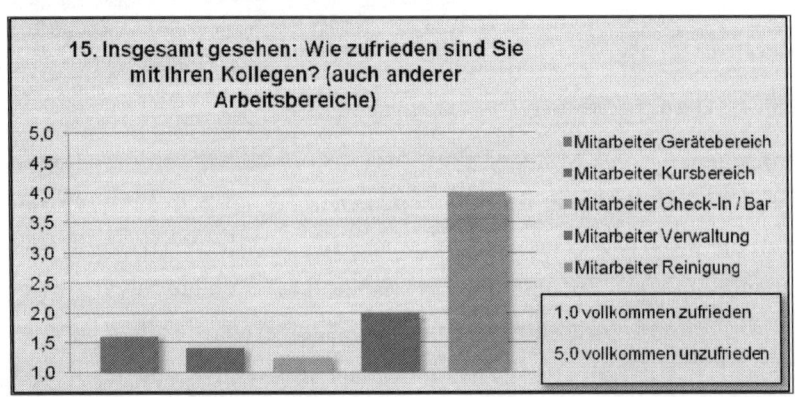

Quelle:   Eigene Darstellung.

Bei der Frage nach der Zufriedenheit mit dem Arbeitsentgelt zeigte sich, dass keiner der Bereiche vollkommen zufrieden oder zufrieden ist. Alle Bereiche tendieren in Bezug auf das Arbeitsentgelt eher zur Unzufriedenheit.

**Abbildung 22:** **Frage 18 des Mitarbeiterfragebogens von Unternehmen A**

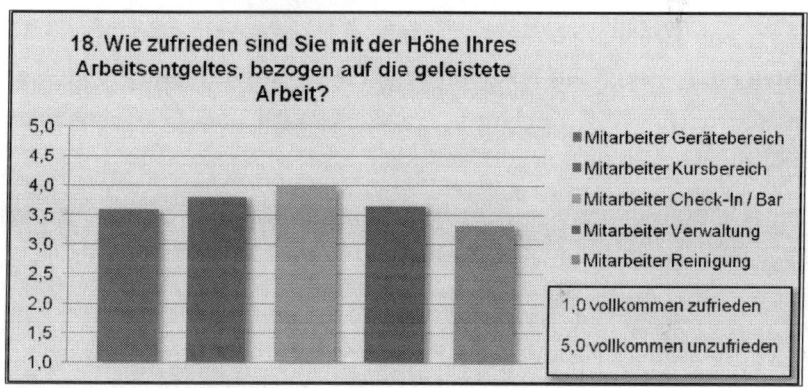

Quelle:     Eigene Darstellung.

Das Ergebnis ist nach *Herzbergs* Auffassung sehr kritisch zu sehen, da bei Nichterfüllung dieses Hygienefaktors ganzheitliche Mitarbeiterunzufriedenheit entsteht.[144] Im Hinblick auf im Vorfeld gestellte Fragen, besteht damit die Möglichkeit, dass die Unzufriedenheit mit der Entlohnung auch bei der Beantwortung anderer Fragen negativ beeinflussend mitgewirkt hat.

## 6.3.1.3. Ergebnisse der Kundenbefragung

Die Vorgehensweise bei der Auswertung der Kundenbefragung erfolgt nicht synchron der Auswertung der Mitarbeiterbefragung. Es werden auch hier nur die wesentlichen Fragen in Bezug auf die Zufriedenheit mit den Mitarbeitern in den jeweiligen Bereichen abgebildet. Im Unterschied zur Mitarbeiterbefragung werden hier jedoch nicht die durch-

---

[144] Vgl. Herzberg, F./Mausner, B./Snyderman, B. B. (1967): The Motivation to Work, S. 81.

schnittlichen Werte, sondern die fünf Antwortmöglichkeiten in prozentualer Verteilung dargestellt.

Teil I des Fragebogens zeigt die soziodemografischen Daten. Hierbei ergab sich, dass von 259 Teilnehmern 100 weiblich und 159 männlich waren. Der Großteil von ihnen ist mit 73 Prozent zwischen 20 und 39 Jahren alt. In Bezug auf Frage drei zeigt sich, dass 191 Teilnehmer den Gerätebereich, 194 Teilnehmer den Kursbereich und 193 Teilnehmer den Saunabereich nutzen.

Der zweite Teil der Kundenzufriedenheitsbefragung endet mit der Frage, wie zufrieden die Kunden mit der Freundlichkeit des Personals im Check-In/Bar-Bereich sind.

Im Ergebnis zeigt sich, dass 97 Prozent der Befragten mit diesem Bereich zufrieden bis vollkommen zufrieden sind. Schon die zwei zuvor gestellten Fragen zu diesem Bereich deuteten auf das positive Ergebnis hin. Hierbei äußerten die Befragten, mit einem Durchschnittswert von 1,1 weniger als 30 Sekunden im Check-In/Bar-Bereich warten zu müssen, bevor man ihnen Beachtung schenkt. Zudem haben die Befragten nicht den Eindruck (1,8), dass das Personal mit der ihnen zugeteilten Arbeit überfordert ist.

**Abbildung 23:**  Frage 6 des Kundenfragebogens von Unternehmen A

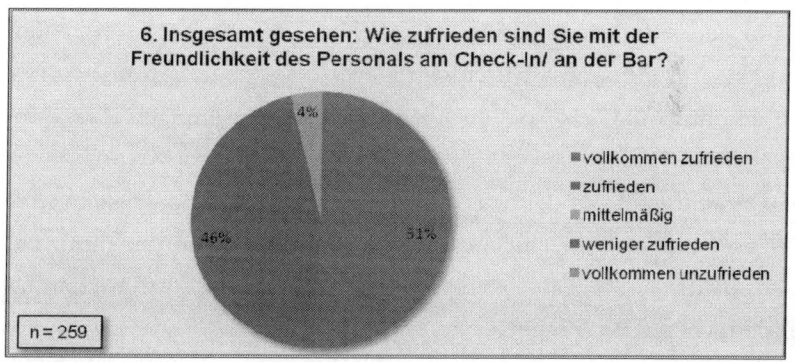

Quelle:   Eigene Darstellung.

Ein etwas anderes Bild zeigt sich bei der Frage nach der Zufriedenheit mit den Gerätetrainern. Lediglich fünf Prozent gaben an, vollkommen zufrieden zu sein. Der Großteil äußerte eine mittelmäßige Zufriedenheit. Auch wenn niemand angab, mit dem Personal auf der Trainingsfläche vollkommen unzufrieden zu sein, äußerten acht Prozent weniger zufrieden zu sein.

**Abbildung 24:**  Frage 10 des Kundenfragebogens von Unternehmen A

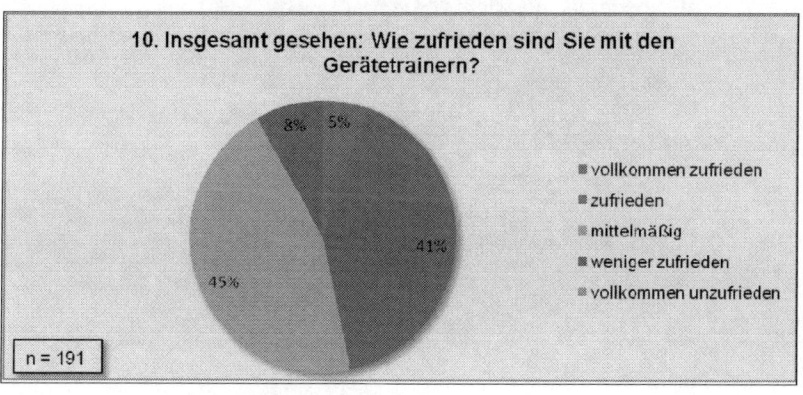

Quelle:   Eigene Darstellung.

Der Blick auf die anderen Fragen zum Gerätebereich offenbart, wie das mittelmäßige Ergebnis zustande kommt. In der Regel gehen die Kunden in eine Fitnessanlage, um ihre Ziele zu erreichen. Die befragten Kunden sind mit einem Durchschnittswert von 2,5 jedoch nur zufrieden bis mittelmäßig zufrieden mit ihren Trainingserfolgen (Frage 7). Des Weiteren kommt hinzu, dass sie mit der Trainingsbetreuung durch die Gerätetrainer im Durchschnitt nur mittelmäßig zufrieden sind (Frage 9). Ein Indiz hierfür ist, dass die Mehrheit der Kunden nur bei jedem dritten Besuch von den Gerätetrainern direkt auf ihr Training angesprochen wird (Frage 8).

Der vorletzte Bereich der Kundenbefragung betrifft den Kursbereich. Dabei richtet sich die Fragestellung von Frage 13 an die Zufriedenheit der Kunden mit den Kurstrainern. Im Ergebnis wird deutlich, dass sich der ständige, motivierende und freundliche Kontakt (1,9) der Kurstrainer positiv auf die Kunden auswirkt. Demnach geben 94 Prozent der Befragten an, zufrieden bis vollkommen zufrieden mit den Kurstrainern zu sein.

**Abbildung 25:**     **Frage 13 des Kundenfragebogens von Unternehmen A**

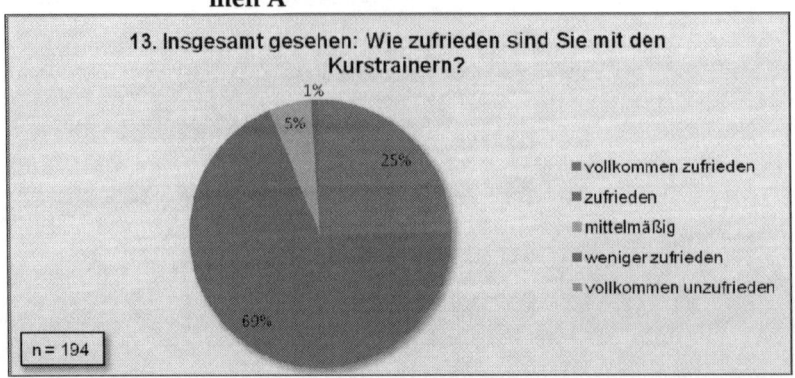

Quelle:     Eigene Darstellung.

Der letzte Bereich der Befragung erstreckt sich über alle anderen Bereiche. Die Befragten wurden gebeten, Angaben über die Sauberkeit der gesamten Anlage zu machen. Dadurch ist es möglich, im weiteren Verlauf Korrelationen der Kunden mit dem Reinigungspersonal zu untersuchen. Insgesamt wurden vier Fragen zur Sauberkeit in unterschiedlichen Bereichen der Anlage gestellt. Mit einer abschließenden Frage über die Sauberkeit der gesamten Anlage wurde nicht nur der Teil Sauberkeit, sondern auch die Kundenbefragung beendet. Die Ergebnisse der fünf Fragen sind in der zusammenfassenden Abbildung 26 dargestellt.

**Abbildung 26:** **Frage 18 des Kundenfragebogens von Unternehmen A**

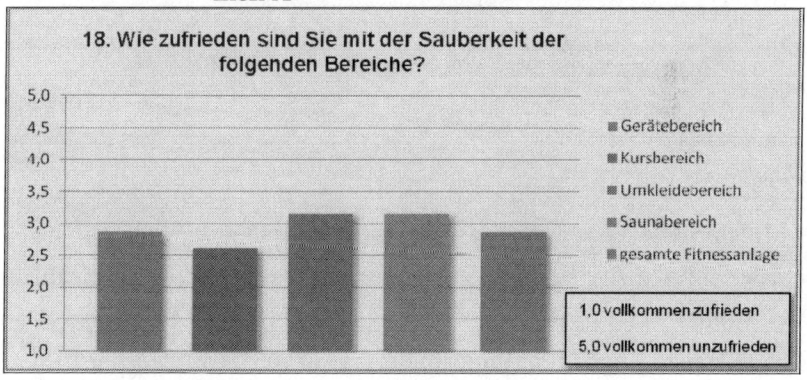

Quelle:     Eigene Darstellung.

Im Durchschnitt wurden alle einzelnen Bereiche mit einer mittelmäßigen Zufriedenheit beurteilt. Damit ist es nicht verwunderlich, dass auch die Sauberkeit der gesamten Fitnessanlage als mittelmäßig beurteilt wurde. Im nächsten Schritt gilt zu überprüfen, ob ein Zusammenhang zwischen Mitarbeiterzufriedenheit und Kundenzufriedenheit besteht.

### 6.3.1.4. Korrelationen zwischen Mitarbeiter- und Kundenbefragungen

Wie bereits im Vorfeld angekündigt, ist es das Ziel dieses Kapitels, die gewonnenen Ergebnisse aus der Mitarbeiter- und Kundenbefragung gegenüberzustellen. Hierzu werden zunächst die Ergebnisse aus den einzelnen Bereichen der Mitarbeiterbefragung zu einer durchschnittlichen Kennzahl zusammengefasst, sodass im Anschluss daran nur eine Kennzahl für jeden Arbeitsbereich existiert. Abbildung 27 zeigt dieses Vorgehen für den Check-In/Bar-Bereich.

**Abbildung 27:** **Zusammenfassung der einzelnen Bereiche zu einer Kennzahl**

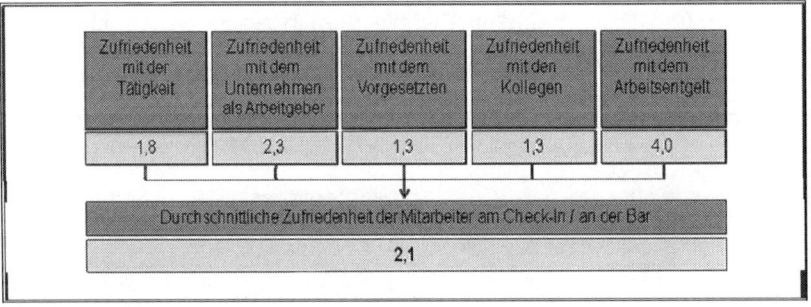

Quelle:     Eigene Darstellung.

Nachdem diese Vorgehensweise für jeden einzelnen Bereich vollzogen wurde, können die Ergebnisse den bereits bestehenden Kennzahlen der Kundenzufriedenheitsbefragung gegenübergestellt werden. Die Gegenüberstellung (Abbildung 28) der Kennzahlen für die Mitarbeiter- und Kundenzufriedenheit zeigt auf, dass die größte Differenz mit einem Wert von 0,6 beim Personal Check-In/Bar sowie bei den Mitarbeitern der Reinigung besteht. Bei den Mitarbeitern des Kurs- und Gerätebereiches wird die Differenz noch geringer (0,4 und 0,1).

**Abbildung 28:     Gegenüberstellung der Kennzahlen in Unternehmen A**

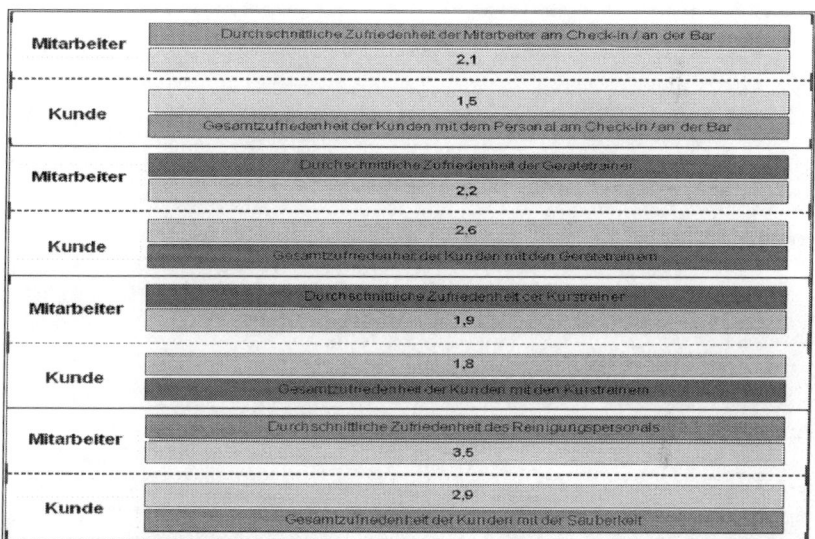

| Mitarbeiter | Durchschnittliche Zufriedenheit der Mitarbeiter am Check-In / an der Bar |
|---|---|
| | 2,1 |
| Kunde | 1,5 |
| | Gesamtzufriedenheit der Kunden mit dem Personal am Check-In / an der Bar |
| Mitarbeiter | Durchschnittliche Zufriedenheit der Gerätetrainer |
| | 2,2 |
| Kunde | 2,6 |
| | Gesamtzufriedenheit der Kunden mit den Gerätetrainern |
| Mitarbeiter | Durchschnittliche Zufriedenheit der Kurstrainer |
| | 1,9 |
| Kunde | 1,8 |
| | Gesamtzufriedenheit der Kunden mit den Kurstrainern |
| Mitarbeiter | Durchschnittliche Zufriedenheit des Reinigungspersonals |
| | 3,5 |
| Kunde | 2,9 |
| | Gesamtzufriedenheit der Kunden mit der Sauberkeit |

Quelle:     Eigene Darstellung.

Die Tendenz eines Zusammenhangs zwischen Mitarbeiter- und Kundenzufriedenheit ist damit in Unternehmen A gegeben. Dennoch lässt diese Vorgehensweise noch keine konkreten Schlussfolgerungen zu. Um die unterschiedliche Anzahl der ordinalskalierten Antworten aus der Mitarbeiter- und Kundenbefragung genauer zu betrachten, bietet sich die relative Häufigkeitsverteilung an. Hierbei werden die Antworten aus der Mitarbeiter- und Kundenbefragung für die Bewertungsebenen „vollkommen zufrieden" bis „vollkommen unzufrieden" in Form der relativen Häufigkeitsverteilung dargestellt. Damit stehen jedem Bereich die einzelnen Antworten der Mitarbeiter den Antworten der Kunden gegenüber.

Nach der Berechnung für die einzelnen Bereiche ergibt sich nachfolgende Abbildung.

**Abbildung 29:** Relative Häufigkeitsverteilung der Antworten von Unternehmen A

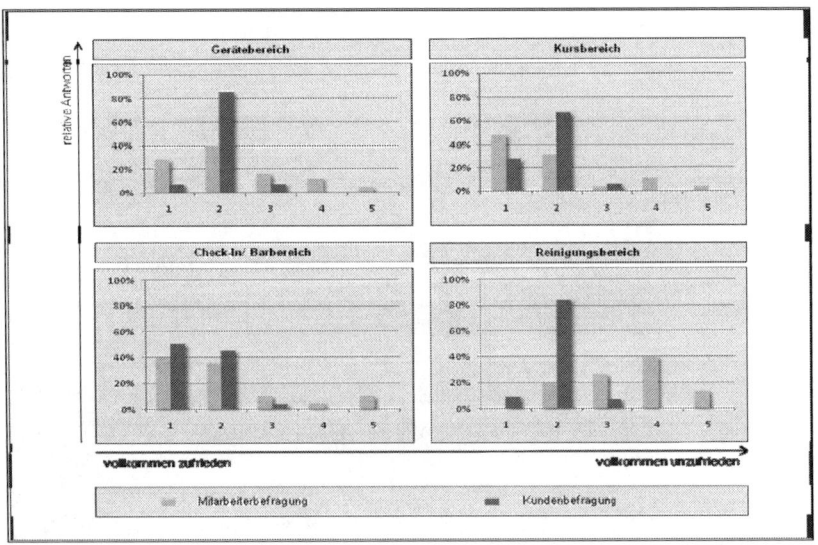

Quelle:   Eigene Darstellung.

Diese Ansicht konkretisiert das Ergebnis erheblich. Es wird ersichtlich, dass sich die Mitarbeiterzufriedenheit positiv auf die Kundenzufriedenheit auswirkt, da auf den einzelnen Bewertungsebenen (vollkommen zufrieden bis vollkommen unzufrieden) die relativen Antworten der Kunden sehr nah an den relativen Antworten der Mitarbeiter liegen. Lediglich der Reinigungsbereich zeigt ein anderes Ergebnis. Hierbei liegt die Mehrheit der relativen Antworten der Kunden im Bereich zufrieden, wobei die Masse der relativen Antworten der Mitarbeiter eher im Bereich der Unzufriedenheit liegt. Das bedeutet in diesem Fall, dass die Unzufriedenheit der Mitarbeiter mit ihrer Tätigkeit keinen Einfluss auf die Zufriedenheit der Kunden hat. Auf die Gründe für diese Erscheinung soll erst beim Vergleich der Unternehmen A und B eingegangen werden, weil vorerst geprüft werden muss, welche Ausprägungen im Reinigungsbereich von Unternehmen B vorherrschen.

## 6.3.2. Unternehmen B

Unternehmen B ist mit 1.400 qm etwas größer als Unternehmen A. Hier trainieren zurzeit 765 Mitglieder. Zehnerkarten gibt es in diesem Unternehmen nicht. Der durchschnittlich monatliche Besuch durch Kunden, die eine Tageskarte kaufen, liegt nach Aussage der Geschäftsleitung bei acht Kunden. Einen monatlichen Mitgliedsbeitrag gibt es im Unternehmen B nicht, hier zahlt jedes Mitglied in 14-tägigen Intervallen durchschnittlich 30,50 Euro. Das entspricht einem Monatsbeitrag von 66,08 Euro. Damit ist auch das Preisniveau von Unternehmen B um knapp zwanzig Euro/Monat höher als das von Unternehmen A.[145]

Insgesamt werden im Unternehmen B 23 Mitarbeiter beschäftigt, die sich wie folgt verteilen: Neben einem Studioleiter gibt es sieben Kurstrainer und fünf Gerätetrainer. Weitere fünf Mitarbeiter sind für den Check-In/Bar-Bereich und zwei weitere für Verwaltungsaufgaben und Marketing verantwortlich. Das Reinigungspersonal setzt sich wie in Unternehmen A aus drei Personen zusammen.[146] Über das Anstellungsverhältnis möchte Unternehmer B keine Auskunft geben.

### 6.3.2.1. Rückläufe der Befragungen

Bei der Mitarbeiterbefragung in Unternehmen B, welche ebenfalls zwei Wochen in Anspruch nahm, beteiligten sich aufgrund eines Krankheitsfalles nur 22 der 23 Mitarbeiter.

Bei der Kundenbefragung wurden nach Abzug der 67 „schlafenden" Kunden 698 auf den Onlinefragebogen aufmerksam gemacht. Insgesamt beteiligten sich 391 Kunden an der Befragung. Somit besteht eine Beteiligungsquote von 51 Prozent. Im Gegensatz zu Unternehmen A liegt diese mit fünf Prozent höher. Damit besteht auch hier ein reprä-

---

[145]  Stand 04.01.2011.
[146]  Stand 04.01.2011.

sentatives Ergebnis, sodass im anschließenden Kapitel auf die verwertbaren Ergebnisse eingegangen werden kann.

6.3.2.2. Ergebnisse der Mitarbeiterbefragung

Damit die Ergebnisse im späteren Verlauf miteinander verglichen werden können, erfolgt die Auswertung synchron der Auswertung von Unternehmen A.

Beginnend mit der zweiten Subskala, stellt sich die Frage 7 des Mitarbeiterfragebogens wie folgt dar: Demnach sind die Mitarbeiter des Gerätebereichs am zufriedensten mit ihrer ausgeführten Tätigkeit. Mitarbeiter aus den Bereichen Kurse, Verwaltung sowie Reinigung tendieren dagegen eher zu einer mittelmäßigen Zufriedenheit, was der Meinung von dem Bereich Check-In/Bar entspricht.

Abbildung 30 zeigt das vollständige Ergebnis.

**Abbildung 30:   Frage 7 des Mitarbeiterfragebogens von Unternehmen B**

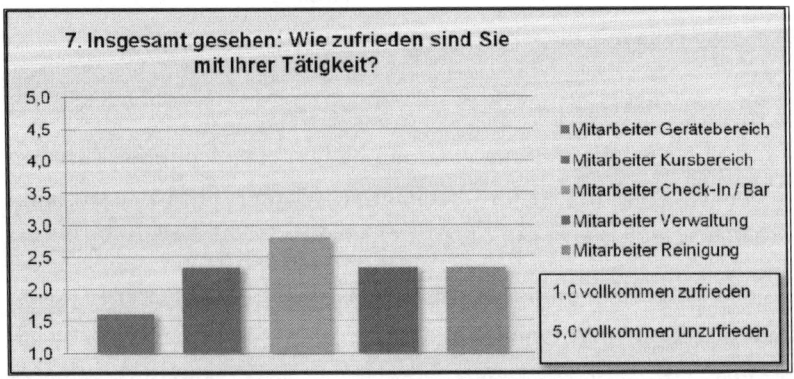

Quelle:     Eigene Darstellung.

Die Frage nach der Zufriedenheit mit dem Unternehmen als Arbeitgeber zeigt, dass keiner der Bereiche vollkommen zufrieden mit dem Unternehmen als Arbeitgeber ist. Besonders auffällig ist hierbei, dass genau wie bei dem zuvor präsentierten Ergebnis von Frage 7, eine differenzierte Meinung bei den Mitarbeiter aus dem Check-In/Bar-Bereich (2,8) und den Mitarbeitern aus dem Gerätebereich (1,8) besteht.

**Abbildung 31:**    **Frage 8 des Mitarbeiterfragebogens von Unternehmen B**

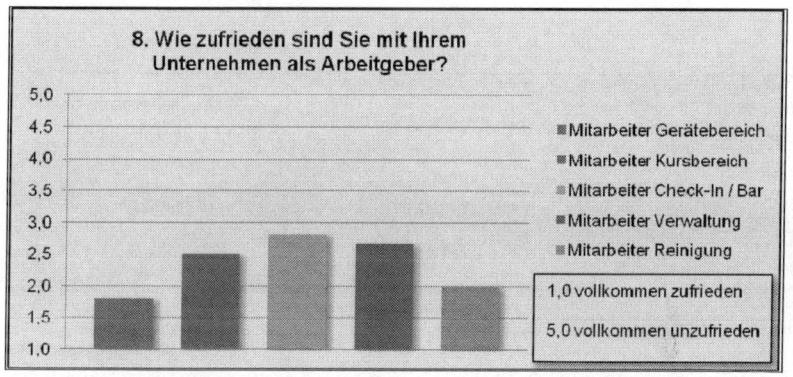

Quelle:    Eigene Darstellung.

Im Gegensatz zu Unternehmen A ist bei Unternehmen B kein Bereich vollkommen zufrieden mit dem Vorgesetzten. Alle Bereiche liegen zwischen zufrieden bis mittelmäßig zufrieden. Hier scheint es Probleme hinsichtlich der Personalführung zu geben. Dies könnte wie in Kapitel 4.3.3. beschrieben an einem falschen Führungsstil liegen, der sich negativ auf die Motivation des Mitarbeiters auswirkt und somit zu diesem Ergebnis beiträgt.

**Abbildung 32:**     Frage 14 des Mitarbeiterfragebogens von Unternehmen B

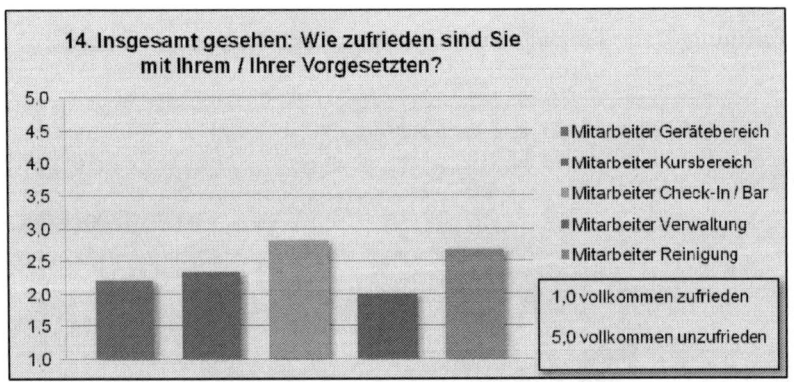

Quelle:     Eigene Darstellung.

Bei der Frage nach der Zufriedenheit mit den Kollegen herrscht Einigkeit in Unternehmen B. Alle Bereiche geben an, zufrieden mit den Arbeitskollegen zu sein. Das Ergebnis deutet jedoch auf ein Verbesserungspotenzial hinsichtlich der Kommunikation aller fünf Bereiche hin, da kein Bereich ein sehr gut vergibt. Auch eine fehlende Transparenz zwischen den einzelnen Bereichen kann die Ursache dafür sein.

**Abbildung 33:** Frage 15 des Mitarbeiterfragebogens von Unternehmen B

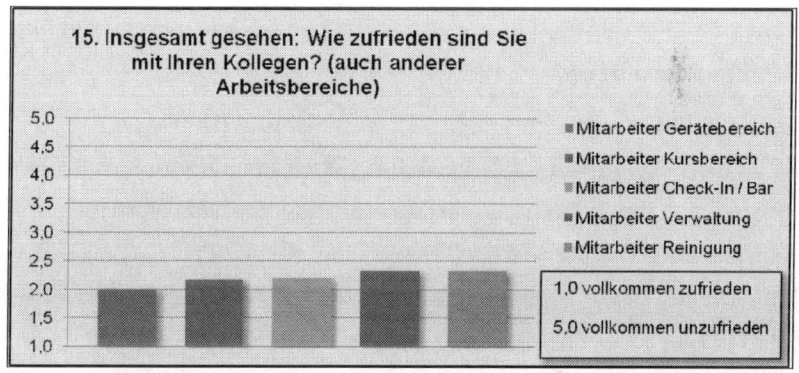

Der Fragebogen endet mit der Frage über die Zufriedenheit mit dem Arbeitsentgelt.

**Abbildung 34:** Frage 18 des Mitarbeiterfragebogens von Unternehmen B

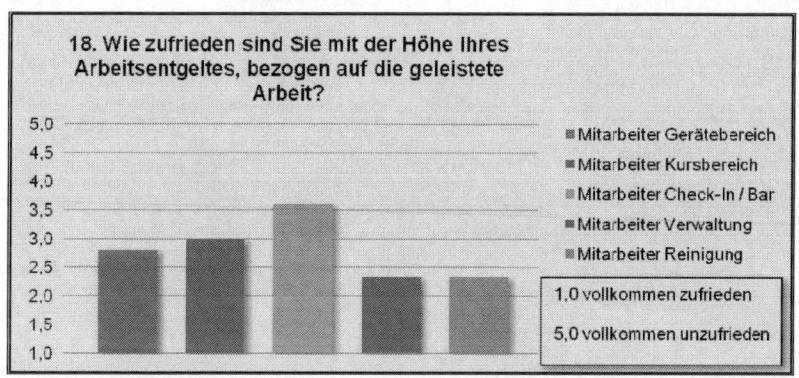

Hier ist das Bild in Abbildung 34 ähnlich dem von Unternehmen A (Abbildung 22). Die Antworten deuten darauf hin, dass in dieser Branche nicht die gewünschten Gehälter gezahlt werden. Bei der Präsentation der Ergebnisse in beiden Unternehmen bestätigten Unternehmer A und Unternehmer B diese Vermutung.

### 6.3.2.3. Ergebnisse der Kundenbefragung

Im Anschluss an die Mitarbeiterbefragung folgt genau wie bei Unternehmen A die Präsentation der Ergebnisse aus der Kundenbefragung in Unternehmen B.

Von den 391 Teilnehmern waren 151 weiblich und 240 männlich. Vergleicht man die prozentuale Verteilung der Geschlechter mit Unternehmen A, dann bekommt man fast die identischen Werte heraus. Ebenso ist auch hier der Großteil der Teilnehmer (82 Prozent) zwischen 20 und 39 Jahren alt. Diese beiden Tatsachen führen zu einer noch stärkeren Aussagekraft beim späteren Vergleich der beiden Unternehmen. In Bezug auf das Angebot von Unternehmen B zeigt sich, dass von den Befragten 263 den Gerätebereich, 249 den Kursbereich und 254 den Saunabereich nutzen.

Für das Ergebnis auf die Frage, wie zufrieden die Befragten mit der Freundlichkeit des Personal im Check-In/Bar-Bereich sind, zeigt Abbildung 35 folgende Verteilung:

**Abbildung 35:** **Frage 6 des Kundenfragebogens von Unternehmen B**

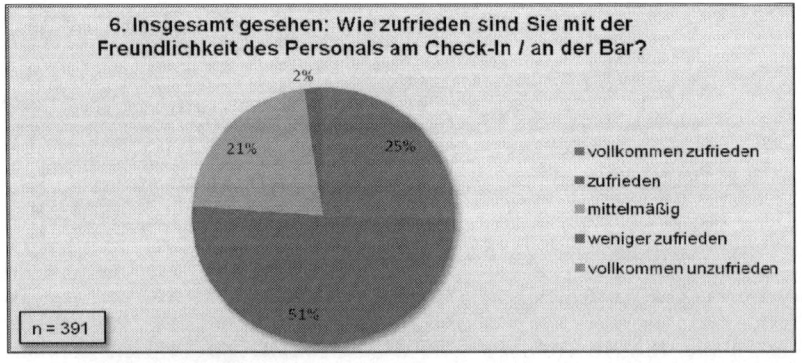

Quelle:     Eigene Darstellung.

Der größte Anteil setzt sich hierbei aus 51 Prozent zufriedenen Kunden zusammen. 25 Prozent waren vollkommen zufrieden, 21 Prozent gaben an, mittelmäßig zufrieden zu sein. Keiner der Befragten war vollkommen unzufrieden und nur zwei Prozent weniger zufrieden mit diesem Bereich.

Ein anderes Bild zeigt die Frage nach der Zufriedenheit mit den Gerätetrainern. Hier sind insgesamt 48 Prozent der Kunden mittelmäßig bis weniger zufriedenen. Einen Indikator dafür liefert Frage 9 des Fragebogens. Der Durchschnitt aller Befragten gab dabei an, nur mittelmäßig zufrieden mit der Trainingsbetreuung zu sein.

**Abbildung 36:** **Frage 10 des Kundenfragebogens von Unternehmen B**

Quelle:    Eigene Darstellung.

Bei der Frage nach der Zufriedenheit mit den Kurstrainern zeigt sich ein ähnliches Bild wie bei Frage 10. Hierbei sind jedoch prozentual gesehen dreimal so viele Kunden vollkommen zufrieden. Auch die prozentuale Anzahl der weniger zufriedenen Kunden ist über ein Drittel geringer als bei der Frage nach der Zufriedenheit mit den Gerätetrainern.

**Abbildung 37:** Frage 13 des Kundenfragebogens von Unternehmen B

Quelle:   Eigene Darstellung.

Um wie bereits erwähnt, im späteren Verlauf Korrelationen mit dem Reinigungspersonal zu untersuchen, soll abschließend auch auf die Antworten zur Sauberkeit in Unternehmen B eingegangen werden. Dabei zeigt sich in Abbildung 38, dass alle Antworten im Durchschnitt zwischen zufrieden bis mittelmäßig zufrieden liegen.

**Abbildung 38:** Frage 18 des Kundenfragebogens von Unternehmen B

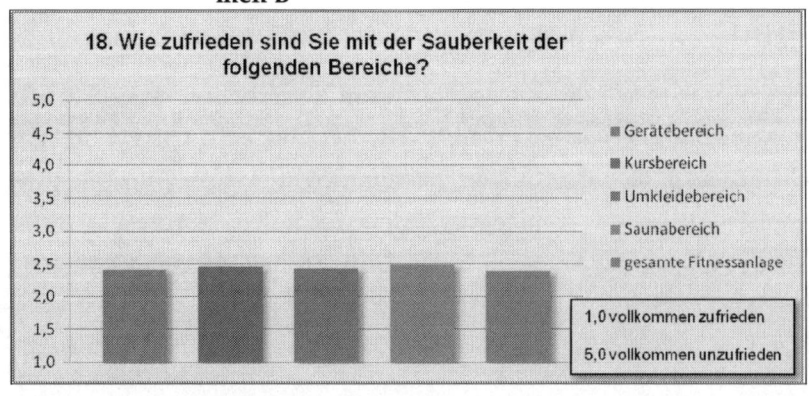

Quelle:   Eigene Darstellung.

## 6.3.2.4. Korrelationen zwischen Mitarbeiter- und Kundenbefragungen

Das Ergebnis nach der Gegenüberstellung der jeweiligen Kennzahlen zu den einzelnen Bereichen in Unternehmen B zeigt Abbildung 39.

Das Unternehmen B hat die größte Differenz im Check-In/Bar-Bereich. Allerdings liegt diese mit 0,9 um 0,3 Punkte höher als bei Unternehmen A. Bei den Mitarbeitern im Gerätebereich besteht die zweitgrößte Differenz (0,3). Die kleinste Differenz (0,1) besteht im Kurs- sowie Reinigungsbereich.

**Abbildung 39:** **Gegenüberstellung der Kennzahlen in Unternehmen B**

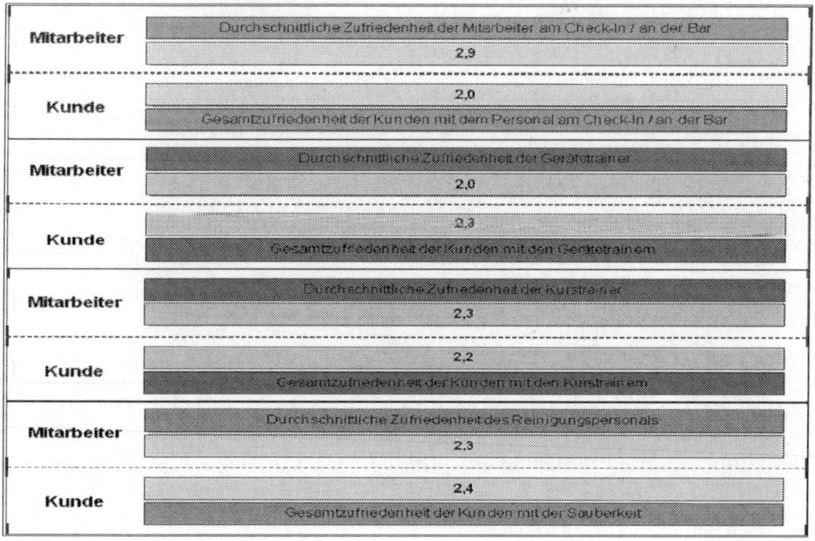

| | |
|---|---|
| **Mitarbeiter** | Durchschnittliche Zufriedenheit der Mitarbeiter am Check-In / an der Bar<br>2,9 |
| **Kunde** | 2,0<br>Gesamtzufriedenheit der Kunden mit dem Personal am Check-In / an der Bar |
| **Mitarbeiter** | Durchschnittliche Zufriedenheit der Gerätetrainer<br>2,0 |
| **Kunde** | 2,3<br>Gesamtzufriedenheit der Kunden mit den Gerätetrainern |
| **Mitarbeiter** | Durchschnittliche Zufriedenheit der Kurstrainer<br>2,3 |
| **Kunde** | 2,2<br>Gesamtzufriedenheit der Kunden mit den Kurstrainern |
| **Mitarbeiter** | Durchschnittliche Zufriedenheit des Reinigungspersonals<br>2,3 |
| **Kunde** | 2,4<br>Gesamtzufriedenheit der Kunden mit der Sauberkeit |

Quelle: Eigene Darstellung.

Auch hier sollen nachfolgend die relativen Häufigkeitsverteilungen dargestellt werden, um eine detaillierte Auskunft über die Zusammenhänge der beiden Konstrukte zu bekommen.

Wie in Abbildung 40 zu sehen ist, werden in diesem Unternehmen die Auswirkungen der Mitarbeiterzufriedenheit auf die Kundenzufriedenheit besonders deutlich. In allen vier Bereichen liegen die relativen

Werte dicht beieinander. Das bedeutet, dass ein direkter Zusammenhang zwischen Mitarbeiterzufriedenheit und Kundenzufriedenheit in Unternehmen B besteht. Lediglich im Check-In/Bar-Bereich sind geringfügige Abweichungen zu verzeichnen, die aber am Ergebnis keinen Zweifel aufkommen lassen.

**Abbildung 40:** **Relative Häufigkeitsverteilung der Antworten von Unternehmen B**

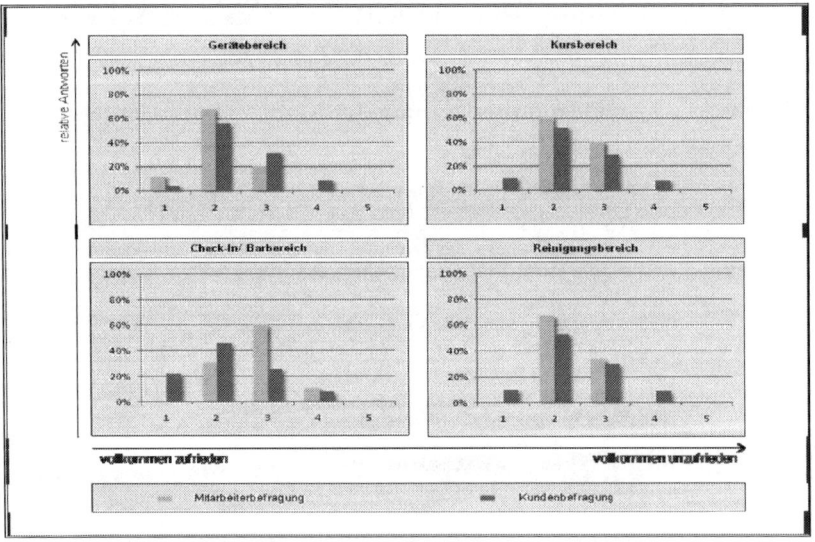

Quelle:    Eigene Darstellung.

*6.4. Vergleich der Unternehmen A und B*

Beim Vergleich der beiden Unternehmen stellt sich folgende Erkenntnis heraus. In den Bereichen, bei denen ein direkter Kontakt zwischen Mitarbeitern und Kunden besteht, hat die Mitarbeiterzufriedenheit positive Auswirkungen auf die Kundenzufriedenheit. Der fehlende oder nicht eindeutige Zusammenhang im Bereich Reinigung des Unternehmen A lässt sich demzufolge nur über den indirekten Kontakt zwischen Mitarbeitern und Kunden herleiten. Demzufolge findet die Bewertung im Gegensatz zu den anderen Bereichen aufgrund des fehlenden Kontaktes mit dem Reinigungspersonal nur durch das Vorhandensein einer sauberen oder unsauberen Anlage statt. Das bedeutet, dass die Kunden, wie in Kapitel 5.2. beschrieben, die Sauberkeit der Anlage ganz individuell und subjektiv durch alle für sie relevanten Faktoren beurteilen. Dabei spielt das Reinigungspersonal für die Kunden eine eher untergeordnete Rolle.

Dennoch beeinflusst die Zufriedenheit des Reinigungspersonals die Durchführung ihrer Reinigungstätigkeit, was wiederum Auswirkungen auf die Kundenzufriedenheit hat. Der nicht ganz eindeutige Einfluss der Mitarbeiterzufriedenheit des Reinigungspersonals auf die Kundenzufriedenheit in Unternehmen A kann dadurch erklärt werden, dass die Mitarbeiter trotz der Unzufriedenheit loyal dem Unternehmen gegenüber bleiben und die Arbeit mit gleichbleibender Gewissenhaftigkeit ausführen. Ein Grund für dieses Verhalten kann bspw. die Angst vor der Arbeitslosigkeit sein, sofern diese einen größeren Einfluss auf den Mitarbeiter ausübt als deren Unzufriedenheit mit dem Unternehmen.

Somit kann festgehalten werden, dass eine Tendenz des Einflusses der MUZ des Reinigungspersonals in Unternehmen A in Bezug auf die geleistete Arbeit gegeben ist, aber nicht eindeutig bewiesen werden kann. Einfacher zu interpretieren sind die Zusammenhänge des Reinigungsbereiches von Unternehmen B. Die Ergebnisse liegen hierbei dicht beieinander. Damit wirkt sich die Mitarbeiterzufriedenheit, im Gegensatz zu Unternehmen A, eindeutig positiv auf die Kundenzufriedenheit aus. Auch im Geräte-, Kurs- und Check-In/Bar-Bereich liegen die Ergebnisse aus den Befragungen dicht beieinander, wodurch ebenfalls positive Auswirkungen der Mitarbeiterzufriedenheit auf die Kundenzufriedenheit gegeben sind.

Damit hat sich gezeigt, dass die subjektive Beurteilung der wahrgenommenen Dienstleistungsqualität in den Köpfen der Kunden durch die Zufriedenheit jedes einzelnen Mitarbeiters mitbestimmt wird.

## 7. Zusammenfassung und Ausblick

Ausgangspunkt der vorliegenden Arbeit war die primäre Überlegung, welche Auswirkungen die Mitarbeiterzufriedenheit auf die Kundenzufriedenheit im Dienstleistungssektor hat. Um diese Frage zu beantworten, war es notwendig, die wesentlichen Grundüberlegungen in einem theoretischen Teil ausführlich darzustellen. Dabei wurde ersichtlich, dass die Einflussfaktoren für die Zufriedenheit eines Mitarbeiters nicht pauschal festgelegt werden können, sondern individuell betrachtet werden müssen. Um Zufriedenheit aller Mitarbeiter zu erreichen, ist es erforderlich, auf die Bedürfnisse jedes einzelnen Mitarbeiters einzugehen. Ein geeignetes Instrument, um diese Bedürfnisse zu erkennen, war die Form der schriftlichen anonymen Mitarbeiterbefragung.

Auch die Beantwortung der Frage, wie sich Kundenzufriedenheit einstellt, war Inhalt dieser Arbeit. Es zeigt sich, dass Kunden, wie in Kapitel 5 ausführlichen beschrieben, die Nutzung einer Dienstleistung grundsätzlich mit einem Soll-Ist-Vergleich bewerten. Auch die Mitarbeiter werden in diese Bewertung einbezogen. Erst beim Ein- bzw. Übertreffen der Erwartungen, stellt sich Kundenzufriedenheit und somit auch die vom Unternehmen erhoffte Kundenbindung ein.

Im Anschluss an den theoretischen Teil erfolgte die empirische Untersuchung. Hierfür wurden zwei Fitnessanlagen als dienstleistende Unternehmen definiert. Den Mitarbeitern und Kunden wurden verschiedene Fragen zu den einzelnen Bereichen der Dienstleistung in Form eines Onlinefragebogens gestellt. Das Ergebnis dieser Befragung offenbart, dass die Mitarbeiterzufriedenheit einen Einfluss auf die Kundenzufriedenheit in diesem Sektor hat. Begründet wird das mit der Ansicht der relativen Häufigkeitsverteilung der Antworten von Unternehmen A und B. Dabei wurde ersichtlich, dass von den vier untersuchten Bereichen in Unternehmen A und B, nur bei einem Bereich des Unternehmens A die Antworten der Kunden nicht mit den

Antworten der Mitarbeiter übereinstimmten. Da es sich hierbei um einen Bereich handelt, bei dem nur ein indirekter Kontakt zwischen Mitarbeitern und Kunden besteht, konnte diesem nicht so viel Gewicht beigemessen werden.

Eine Übertragung dieser Erkenntnisse auf die Masse aller Fitnessanlagen in Deutschland ist aufgrund der geringen Stichprobe nicht möglich. Hierfür bedarf es einer repräsentativen Stichprobe, wobei die Auswertung aufgrund der Vielzahl der Fitnessanlagen mit einer Korrelationsanalyse durchgeführt werden könnte.

Die Ergebnisse der Arbeit werfen die Frage auf, dass es auch Wechselbeziehungen zwischen Mitarbeitern und Kunden geben könnte. Demnach besteht die Möglichkeit, dass auch die Kundenzufriedenheit einen Einfluss auf die Mitarbeiterzufriedenheit hat. Der Umfang zur Beantwortung dieser Frage ist jedoch so komplex, dass es in einer weiteren Arbeit im Mittelpunkt der Betrachtungen stehen kann.

Abschließend bleibt zu sagen, dass die Mitarbeiter das Bindeglied zwischen Unternehmen und Kunden darstellen. Die Mitarbeiter stehen in einem direkten Kontakt mit dem Kunden. Dadurch können sie die Zufriedenheit der Kunden mit ihrem Verhalten entweder positiv oder negativ beeinflussen. Es wurde ausführlich dargestellt, dass es verschiedene Formen der Mitarbeiterzufriedenheit gibt und dass dieses Konstrukt ein sich ständig verändernder Faktor ist. Aus diesem Grund sollten Unternehmen gerade in diesem Sektor verstärkt die individuellen Bedürfnisse ihrer eigenen Mitarbeiter in Erfahrung bringen. Nur so wird es möglich sein, die Zufriedenheit der Mitarbeiter zu steigern bzw. auf hohem Niveau zu halten. Nutzt ein Unternehmen im Fitnesssektor diese Handlungsempfehlung, wird es sich im Punkt Kundenzufriedenheit, unter sonst gleichen Bedingungen, deutlich positiv von der Konkurrenz differenzieren können.

# Literaturverzeichnis

**Alderfer**, C. P. (1972): Existence, relatedness, and growth, New York.

**Berthel**, J./**Becker**, F. G. (2010): Personal-Management – Grundzüge für Konzeptionen betrieblicher Personalarbeit, 9. Auflage, Stuttgart.

**Bieberstein**, I. (2001): Dienstleistungsmarketing, 3. Auflage, Ludwigshafen.

**Burmann**, C. (1991): Konsumentenzufriedenheit als Determinante der Marken- und Händlerloyalität, in: Marketing – Zeitschrift für Forschung und Praxis, Heft 13, S. 249 – 258.

**Bröckermann**, R. (2000): Personalführung – Arbeitsbuch für Studium und Praxis, Köln.

**Bruggemann**, A. (1974): Zur Unterscheidung verschiedener Formen von „Arbeitszufriedenheit", in: Arbeit und Leistung, Heft 28, S. 281 – 284.

**Bruggemann**, A. (1975): Messung der Arbeitszufriedenheit, in: Psychologie Heute, Ausgabe August, S. 47 – 51.

**Bruggemann**, A./**Groskurth**, P./**Ulrich**, E. (1975): Arbeitszufriedenheit, Bern-Liebefeld.

**Bruhn**, M. (2003): Qualitätsmanagement für Dienstleistungen – Grundlagen – Konzepte – Methoden, 4. Auflage, Berlin/Heidelberg.

**Bruhn**, M. (2006): Zufriedenheits- und Kundenbindungsmanagement, in: Hippner, H./Wilde, K. D. (Hrsg.): Grundlagen des CRM – Konzepte und Gestaltung, 2. Auflage, Wiesbaden, S. 509 – 540.

**Bruhn**, M./**Homburg**, C. (Hrsg.) (2004): Gabler Lexikon Marketing, 2. Auflage, Wiesbaden.

**Bruhn**, M./**Meffert**, H. (2002): Wettbewerbsüberlegenheit durch exzellentes Dienstleistungsmarketing, in: Exzellenz im Dienstleistungsmarketing – Fallstudien zur Kundenorientierung, Wiesbaden, S. 1 – 21.

**Brunner**, R./**Zeltner**, W. (1980): Lexikon zur pädagogischen Psychologie und Schulpädagogik - Entwicklungspsychologie, Lehr- und Lernpsychologie, Unterrichtspsychologie, Erziehungspsychologie, Methoden der pädagogischen Psychologie, Methodik, Didaktik, Curriculumtheorie, München.

**Corsten**, H. (1988): Dienstleistungen in produktionstheoretischer Interpretation, in: Wirtschaftswissenschaftliches Studium, 17. Jg., S. 81 – 87.

**Csikszentmihalyi**, M. (2005): Das flow-Erlebnis – Jenseits von Angst und Langeweile: im Tun aufgehen, 9. Auflage, Stuttgart.

**Dick**, R. van (2004): Commitment und Identifikation mit Organisationen, Göttingen.

**Diller**, H. (2001): Vahlens großes Marketinglexikon, 2. Auflage, München.

**Felfe**, J./**Six**, B. (2006): Die Relation von Arbeitszufriedenheit und Commitment, in: Fischer, L. (Hrsg.): Arbeitszufriedenheit – Konzepte und empirische Befunde, 2. Auflage, S. 37 – 61.

**Fischer**, L./**Lück**, H. E. (1972): Entwicklung einer Skala zur Messung von Arbeitszufriedenheit (SAZ), in: Psychologie und Praxis, Nr. 16, 64 – 76.

**Frieling**, E./**Sonntag**, K. (1999): Lehrbuch Arbeitspsychologie, 2. Auflage, Bern.

**Gardini**, M. A. (2004): Marketingmanagement in der Hotellerie, München.

**Gebert**, D./**Rosenstil**, L. von (1996): Organisationspsychologie – Person und Organisation, 4. Auflage, Stuttgart.

**Gerpott**, T. (2000): Kundenbindung: Konzepteinordnung und Bestandaufnahme der neueren empirischen Forschung, in: Die Unternehmung, 54. Jg., Nr. 1, S. 23 – 42.

**Grund**, M. (1998): Interaktionsbeziehungen im Dienstleistungsmarketing: Zusammenhänge zwischen Zufriedenheit und Bindung von Kunden und Mitarbeitern, Wiesbaden.

**Heckhausen**, J./**Heckhausen**, H. (2006): Motivation und Handeln, 3. Auflage, Heidelberg.

**Hentschel**, B. (2000): Multiattributive Messung von Dienstleistungsqualität, in: Bruhn, M./Stauss, B. (Hrsg.): Dienstleistungsqualität – Konzepte – Methoden – Erfahrungen, 3. Auflage, Wiesbaden, S. 290 – 320.

**Herkner**, W. (1986): Einführung in die Sozialpsychologie, Bern.

**Herrmann**, A./**Johnson**, M. D. (1999): Die Kundenzufriedenheit als Bestimmungsfaktor der Kundenbindung, in: Zeitschrift für Betriebswirtschaftliche Forschung, Nr. 6, S. 579 – 598.

**Hersey** P./**Blanchard**, K. H. (1972): Management of organizational behavior – utilizing human resources, secound edition, New Jersey.

**Herzberg**, F./**Mausner**, B./**Snyderman**, B. B. (1967): The Motivation to Work, Second Edition, New York.

**Hill**, D. J. (1986): Satisfaction and Consumer Services, in: Advances in Consumer Research, Vol. 16, S. 311 – 315.

**Hippner**, H./**Rentzmann**, R./**Wilde**, K. D. (2006): CRM aus Kundensicht – Eine empirische Untersuchung, in: Hippner, H./Wilde, K. D. (Hrsg.): Grundlagen des CRM – Konzepte und Gestaltung, 2. Auflage, Wiesbaden, S. 195 – 224.

**Homburg**, C./**Giering**, A./**Hentschel**, F. (1999): Der Zusammenhang zwischen Kundenzufriedenheit und Kundenbindung, in: Die Betriebswirtschaft, Nr. 2, S. 173 – 195.

**Homburg**, C./**Becker**, A./**Hentschel**, F. (2005): Der Zusammenhang zwischen Kundenzufriedenheit und Kundenbindung, in: Bruhn, M./Homburg, C. (Hrsg.): Handbuch Kundenbindungsmanagement, 5. Auflagen, Wiesbaden, S. 93 – 123.

**Homburg**, C./**Bruhn**, M. (2005): Kundenbindungsmanagement. Eine Einführung in die theoretischen und praktischen Problemstellungen, in: Bruhn, M./Homburg, Ch. (Hrsg.): Handbuch Kundenbindungsmanagement, 5. Auflage, Wiesbaden, S. 3 – 40.

**Homburg**, C./**Stock**, R. (2000): Der kundenorientierte Mitarbeiter, Wiesbaden.

**Hoppock**, R. (1935): Job satisfaction, New York.

**Jost**, P. J. (2008): Organisation und Motivation – Eine ökonomisch-psychologische Einführung, 2. Auflage, Wiesbaden.

**Kaas**, K. P./**Runow**, H. (1984): Wie befriedigend sind die Ergebnisse der Forschung zur Verbraucherzufriedenheit?k, in: Die Betriebswirtschaft, Heft 44, S. 451 – 460.

**Kirchler**, E. (Hrsg.) (2005): Arbeits- und Organisationspsychologie, Wien.

**Kolb**, M. (2008): Personalmanagement – Grundlagen – Konzepte – Praxis, Wiesbaden.

**Kotler**, P./**Armstrong**, G./**Saunders**, J./**Wong**, V. (2003): Grundlagen des Marketing, 3. Auflage, München.

**Kuhl**, J. (2010): Lehrbuch der Persönlichkeitspsychologie – Motivation, Emotion und Selbststeuerung, Göttingen.

**Lee**, T./**Mowday**, R. (1987): Voluntary leaving an organization: An empirical investigation of Steers and Mowdy´s model of turnover, Academy of Management Journal, Nr. 30, S. 721 – 743.

**Locke**, E. A. (1976): The nature and causes of job satisfaction, in: Dunette, M. D.: Handbook of Industrial and Organizational Psychology, Chicago.

**Maslow**, A. H. (1973): Psychologie des Seins, München.

**Meffert**, H./**Bruhn**, M. (2002): Exzellenz im Dienstleistungsmarketing – Fallstudien zur Kundenorientierung, Wiesbaden.

Meffert, H./Bruhn, M. (2006): Dienstleistungsmarketing – Grundlagen – Konzepte – Methoden, 5. Auflage, Wiesbaden.

Meyer, A./Mattmüller, R. (1987): Qualität von Dienstleistungen: Entwurf eines praxisorientierten Qualitätsmodells, in: Marketing ZFP, 9. Jg., Nr. 3, S. 187 - 195.

Mitra, A./Jenkins, D./Jr. & Gupta, N. (1992): A meta-analytic review of the relationship between absence and turnover, in: Journal of Applied Psychology, Nr. 77, 879 - 889.

Moser, K./Schuler, H. (1993): Validität einer deutschsprachigen Involvement-Skala, in: Zeitschrift für Differentielle und Diagnostische Psychologie, Nr. 14, S. 27 - 36.

Neuberger, O. (1974): Theorien der Arbeitszufriedenheit, Stuttgart.

Neuberger, O. (1974): Messung der Arbeitszufriedenheit, Stuttgart.

Neuberger, O./Allerbeck, M. (1978): Messung und Analyse von Arbeitszufriedenheit. – Erfahrungen mit dem „Arbeitsbeschreibungsbogen (ABB)", Bern.

Neuberger, O. (1985): Arbeit – Begriff - Gestaltung - Motivation - Zufriedenheit, Stuttgart.

Nicholson, N./Brown, C. A./Chadwick-Jones, J. K. (1976): Absence from work and job satisfaction, in: Journal of Applied Psychology, Nr. 61, S. 728 - 737.

Oliver, R. (1996): Satisfaction – Behavioural Perspective on the Consumer, New York.

Ostroff, C. (1992): The relationship between satisfaction, attitudes and performance: An organizational-level analysis, in: Journal of Applied Psychology, Nr. 77, 963 - 974.

Parasuraman, A./Zeithaml, V. A./Berry, L. (1985): A Conceptual Model of Service Quality and its Implication for future Research, in: Journal of Marketing, Vol. 49, No. 1, S. 41 - 50.

Peples, W. (2008): Grundzüge des Beschwerdemanagement, in: Helmke, S./Uebel, M. F./Dangelmaier, W. (Hrsg.): Effektives Customer Relationship Management – Instrumente – Einführungskonzepte – Organisation, 4. Auflage, Wiesbaden, S. 103 - 117.

Rosenstiel, L. von/Molt, W./Rüttinger, B. (2005): Organisationspsychologie, 9. Auflage, Stuttgart.

Rosenstiel, L. von (2007): Grundlagen der Organisationspsychologie – Basiswissen und Anwendungshinweise, 6. Auflage, Stuttgart.

**Schaller**, C./**Stotko**, C. M./**Piller**, F. T. (2006): Mit Mass Customization basiertem CRM zu loyalen Kundenbeziehungen, in: Hippner, H./Wilde, K.D. (Hrsg.): Grundlagen des CRM – Konzepte und Gestaltung, 2. Auflage, Wiesbaden, S. 121 – 144.

**Scharnbacher**, K./**Kiefer**, G. (2003): Kundenzufriedenheit – Analyse, Messbarkeit, Zertifizierung, 3. Auflage, München.

**Schuler**, H. (Hrsg.) (2004): Lehrbuch Organisationspsychologie, 3. Auflage, Bern.

**Schüler**, A. (1976): Dienstleistungsmärkte in der Bundesrepublik Deutschland, Köln/Opladen.

**Siefke**, A. (1997): Zufriedenheit mit Dienstleistungen: Ein phasenorientierter Ansatz zur Operationalisierung und Erklärung im Verkehrsbereich auf empirischer Basis, Frankfurt am Main.

**Smith**, P. C./**Kendall**, L. M./**Hucir**, C. L. (1969): The measurement of satisfaction in work and retirement – A strategy of study of attitudes, Chicago.

**Stauss**, B. (1999): Kundenzufriedenheit, in: Marketing ZFP, Heft 1, 1. Quartal, S. 5-24.

**Stauss**, B./**Neuhaus**, P. (1997): The qualitative satisfaction model, in: International Journal of Service Industry Management, Heft 8, S. 236 – 249.

**Stauss**, B./**Seidel**, W. (2002): Beschwerdemanagement – Kundenbeziehungen erfolgreich managen durch Customer Care, 3. Auflage, München.

**Stauss**, B./**Seidel**, W. (2007): Beschwerdemanagement – Unzufriedene Kunden als profitable Zielgruppe, 4. Auflage, München.

**Steers**, R. M./**Rhodes**, S. R. (1978): Major influences on employee attendance. – A process model. In: Journal of Applied Psychology, Nr. 63, S. 391 – 407.

**Terlutter**, R. (2006): Verhaltenswissenschaftliche Beiträge zur Gestaltung von Kundenbeziehungen, in: Hippner, H./Wilde, K. D. (Hrsg.): Grundlagen des CRM – Konzepte und Gestaltung, 2. Auflage, Wiesbaden, S. 269 – 290.

**Walter-Busch**, E. (1977): Arbeitszufriedenheit in der Wohlstandsgesellschaft – Beitrag zur Diagnose der Theoriesprachenvielfalt betriebspsychologischer und industriesoziologischer Forschung, Bern.

**Wasilewski**, R. (1979): Versuch über Führungszufriedenheit – Eine empirische Analyse von Determinanten und Struktur der Erwartungen industrieller Arbeitnehmer gegenüber ihrem Vorgesetzten sowie den Folgen perzipierter Realität, Nürnberg.

**Weinert**, A. B. (1992): Lehrbuch der Organisationspsychologie, 3. Auflage, Weinheim.

**Weinert**, A. B. (1998): Organisationspsychologie, 4. Auflage, Weinheim.

**Weinert**, A. B. (2004): Organisations- und Personalpsychologie, 5. Auflage, Weinheim.

**Werner**, R. (1974): Zur Problematik subjektiver Indikatoren, in: W. Zapf (Hrsg.): Soziale Indikatoren, Frankfurt am Main, Bd. 2, S. 264 – 275.

**Winter**, S. (2005): Mitarbeiterzufriedenheit und Kundenzufriedenheit – Eine mehrebenanalytische Untersuchung der Zusammenhänge auf Basis multidimensionaler Zufriedenheitsmessung, online unter: http://deposit.ddb.de/cgi-bin/dokserv?idn=974033537&dok_var=d1&dok_ext=pdf&filename=974033 537.pdf, 01.02.2011.

**Zeithaml**, V. A./**Berry**, L. L./**Parasuraman**, A. (1988): Comunication and Control Processes in the Delivery of Service Quality, in: Journal of Marketing, Vol. 52, No. 4, S. 35 – 48.

**Zeithaml**, V. A./**Parasuraman**, A./**Berry**, L. L. (1992): Qualitätsservice: Was Ihre Kunden erwarten – was Sie leisten müssen, Frankfurt am Main.

# Anlagenverzeichnis

## Anlage 1: Kundenfragebogen

**Teil I : Soziodemographische Daten**

**1. Wie alt sind Sie?**

| bis 19 Jahre | 20 bis 29 Jahre | 30 bis 39 Jahre | 40 bis 49 Jahre | über 50 Jahre |
|:---:|:---:|:---:|:---:|:---:|
| 1 | 2 | 3 | 4 | 5 |
| ○ | ○ | ○ | ○ | ○ |

**2. Welches Geschlecht haben Sie?**

| weiblich | männlich |
|:---:|:---:|
| 1 | 2 |
| ○ | ○ |

**3. Welche Bereiche des Studios nutzen Sie? (mehrere Antworten möglich)**

| Gerätebereich | Kursbereich | Saunabereich |
|:---:|:---:|:---:|
| 1 | 2 | 3 |
| ○ | ○ | ○ |

**Teil II : Check-In / Bar-Bereich**

**4. Schätzen Sie einmal, wie lange Sie in der Regel am Empfang / an der Bar warten müssen, bevor Ihnen Beachtung geschenkt wird.**

| weniger als 30 Sekunden | 31 bis 60 Sekunden | länger als eine Minute |
|:---:|:---:|:---:|
| 1 | 2 | 3 |
| ○ | ○ | ○ |

**5. Beurteilen Sie diese Aussage: "Das Personal im Check-In / Bar-Bereich ist oft überfordert."**

| vollkommen falsch | | | | vollkommen richtig |
|:---:|:---:|:---:|:---:|:---:|
| 1 | 2 | 3 | 4 | 5 |
| ○ | ○ | ○ | ○ | ○ |

**6. Wie zufrieden sind Sie mit der Freundlichkeit des Personals am Check-In / an der Bar?**

| vollkommen zufrieden | | | | vollkommen unzufrieden |
|:---:|:---:|:---:|:---:|:---:|
| 1 | 2 | 3 | 4 | 5 |
| ○ | ○ | ○ | ○ | ○ |

## Teil III : Trainingsbetreuung und Gerätebereich

**7. Wie zufrieden sind Sie mit Ihren persönlichen Trainingserfolgen?**

| vollkommen zufrieden | | | | vollkommen unzufrieden |
|---|---|---|---|---|
| 1 | 2 | 3 | 4 | 5 |
| ○ | ○ | ○ | ○ | ○ |

**8. Wie oft werden Sie in der Regel durch die Trainer direkt angesprochen?**

| bei jedem Besuch | bei jedem zweiten Besuch | bei jedem dritten Besuch | bei jedem vierten Besuch | bei jedem fünften Besuch |
|---|---|---|---|---|
| 1 | 2 | 3 | 4 | 5 |
| ○ | ○ | ○ | ○ | ○ |

**9. Wie zufrieden sind sie mit der Trainingsbetreuung durch die Trainer?**

| vollkommen zufrieden | | | | vollkommen unzufrieden |
|---|---|---|---|---|
| 1 | 2 | 3 | 4 | 5 |
| ○ | ○ | ○ | ○ | ○ |

**10. Insgesamt gesehen: Wie zufrieden sind Sie mit den Gerätetrainern?**

| vollkommen zufrieden | | | | vollkommen unzufrieden |
|---|---|---|---|---|
| 1 | 2 | 3 | 4 | 5 |
| ○ | ○ | ○ | ○ | ○ |

## Teil VI : Kursbereich

**11. Wie zufrieden sind Sie mit dem Kursangebot?**

| vollkommen zufrieden | | | | vollkommen unzufrieden |
|---|---|---|---|---|
| 1 | 2 | 3 | 4 | 5 |
| ○ | ○ | ○ | ○ | ○ |

**12. Beurteilen Sie diese Aussage: " Die Kurstrainer wirken auf mich motivierend und freundlich "**

| vollkommen richtig | | | | vollkommen falsch |
|---|---|---|---|---|
| 1 | 2 | 3 | 4 | 5 |
| ○ | ○ | ○ | ○ | ○ |

**13. Insgesamt gesehen: Wie zufrieden sind Sie mit den Kurstrainern?**

| vollkommen zufrieden | | | | vollkommen unzufrieden |
|---|---|---|---|---|
| 1 | 2 | 3 | 4 | 5 |
| ○ | ○ | ○ | ○ | ○ |

14. Wie zufrieden sind Sie mit der Sauberkeit im Umkleidebereich?

| vollkommen zufrieden | | | | vollkommen unzufrieden |
|:---:|:---:|:---:|:---:|:---:|
| 1 | 2 | 3 | 4 | 5 |
| ○ | ○ | ○ | ○ | ○ |

15. Wie zufrieden sind Sie mit der Sauberkeit im Saunabereich?

| vollkommen zufrieden | | | | vollkommen unzufrieden |
|:---:|:---:|:---:|:---:|:---:|
| 1 | 2 | 3 | 4 | 5 |
| ○ | ○ | ○ | ○ | ○ |

16. Wie zufrieden sind Sie mit der Sauberkeit auf der Geräteflache?

| vollkommen zufrieden | | | | vollkommen unzufrieden |
|:---:|:---:|:---:|:---:|:---:|
| 1 | 2 | 3 | 4 | 5 |
| ○ | ○ | ○ | ○ | ○ |

17. Wie zufrieden sind Sie mit der Sauberkeit in den Kursräumen?

| vollkommen zufrieden | | | | vollkommen unzufrieden |
|:---:|:---:|:---:|:---:|:---:|
| 1 | 2 | 3 | 4 | 5 |
| ○ | ○ | ○ | ○ | ○ |

18. Insgesamt gesehen: Wie zufrieden sind sie mit der Sauberkeit der gesamten Fitnessanlage?

| vollkommen zufrieden | | | | vollkommen unzufrieden |
|:---:|:---:|:---:|:---:|:---:|
| 1 | 2 | 3 | 4 | 5 |
| ○ | ○ | ○ | ○ | ○ |

## Anlage 2: Mitarbeiterfragebogen

**Teil I : Soziodemographische Daten**

1. Wie alt sind Sie?

| bis 19 Jahre | 20 bis 29 Jahre | 30 bis 39 Jahre | 40 bis 49 Jahre | über 50 Jahre |
|:---:|:---:|:---:|:---:|:---:|
| 1 | 2 | 3 | 4 | 5 |
| ○ | ○ | ○ | ○ | ○ |

2. Welches Geschlecht haben Sie?

| weiblich | männlich |
|:---:|:---:|
| 1 | 2 |
| ○ | ○ |

3. Bitte kreuzen Sie den Arbeitsbereich an, mit dem Sie für das Unternehmen tätig sind. Sollten es mehrere sein, kreuzen Sie bitte nur Ihren Hauptaufgabenbereich an.

| Gerätebereich | Kursbereich | Check-In / Bar | Verwaltung | Reinigung |
|:---:|:---:|:---:|:---:|:---:|
| 1 | 2 | 3 | 4 | 5 |
| ○ | ○ | ○ | ○ | ○ |

## Teil II : Die Tätigkeit selbst

### 4. Wie gefällt Ihnen Ihre Arbeit?

| sehr gut | | | | gar nicht |
|---|---|---|---|---|
| 1 | 2 | 3 | 4 | 5 |
| O | O | O | O | O |

### 5. Wie empfinden Sie Ihre allgemeine Arbeitsbelastung?

| viel zu hoch | | in etwa richtig | | viel zu gering |
|---|---|---|---|---|
| 1 | 2 | 3 | 4 | 5 |
| O | O | O | O | O |

### 6. Wie gefällt Ihnen Ihr Arbeitsplatz?

| sehr gut | | | | gar nicht |
|---|---|---|---|---|
| 1 | 2 | 3 | 4 | 5 |
| O | O | O | O | O |

### 7. Insgesamt gesehen: Wie zufrieden sind Sie mit Ihrer Tätigkeit?

| vollkommen zufrieden | | | | vollkommen unzufrieden |
|---|---|---|---|---|
| 1 | 2 | 3 | 4 | 5 |
| O | O | O | O | O |

### 8. Wie zufrieden sind Sie mit Ihrem Unternehmen als Arbeitgeber?

| vollkommen zufrieden | | | | vollkommen unzufrieden |
|---|---|---|---|---|
| 1 | 2 | 3 | 4 | 5 |
| O | O | O | O | O |

## Teil III : Kollegen & Vorgesetzte

### 9. Wie arbeiten die Kollegen Ihres Arbeitsbereiches mit Ihnen zusammen?

| sehr gut | | | | gar nicht |
|---|---|---|---|---|
| 1 | 2 | 3 | 4 | 5 |
| O | O | O | O | O |

### 10. Wie arbeiten Mitarbeiter anderer Arbeitsbereiche mit Ihnen zusammen?

| sehr gut | | | | gar nicht |
|---|---|---|---|---|
| 1 | 2 | 3 | 4 | 5 |
| O | O | O | O | O |

### 11. Werden Sie von Ihrer / Ihrem Vorgesetzten über Sachverhalte, die Ihre Arbeit betreffen, rechtzeitig und ausreichend informiert?

| immer | meistens | gelegentlich | selten | nie |
|---|---|---|---|---|
| 1 | 2 | 3 | 4 | 5 |
| O | O | O | O | O |

### 12. Wie oft spricht Ihr Vorgesetzter mit Ihnen über Ihre Arbeitsergebnisse?

| immer | meistens | gelegentlich | selten | nie |
|---|---|---|---|---|
| 1 | 2 | 3 | 4 | 5 |
| O | O | O | O | O |

### 13. Können Sie gegenüber Ihrem Vorgesetzten eine eigene Meinung äußern, ohne Nachteile befürchten zu mussen?

| ja | | weiß nicht | | nein |
|---|---|---|---|---|
| 1 | 2 | 3 | 4 | 5 |
| O | O | O | O | O |

### 14. Insgesamt gesehen: Wie zufrieden sind Sie mit Ihrem / Ihrer Vorgesetzten?

| vollkommen zufrieden | | | | vollkommen unzufrieden |
|---|---|---|---|---|
| 1 | 2 | 3 | 4 | 5 |
| O | O | O | O | O |

### 15. Insgesamt gesehen: Wie zufrieden sind Sie mit Ihren Kollegen? (auch andere Arbeitsbereiche)

| vollkommen zufrieden | | | | vollkommen unzufrieden |
|---|---|---|---|---|
| 1 | 2 | 3 | 4 | 5 |
| O | O | O | O | O |

**Teil IV : Betriebsklima und Bezahlung**

16. Halten Sie Ihren eigenen Arbeitsplatz für sicher?

| sehr sicher | sicher | weder sicher noch unsicher | nicht so sicher | unsicher |
|:---:|:---:|:---:|:---:|:---:|
| 1 | 2 | 3 | 4 | 5 |
| O | O | O | O | O |

17. Wie beurteilen Sie das Betriebsklima in Ihrem Unternehmen?

| sehr gut | | | | garnicht |
|:---:|:---:|:---:|:---:|:---:|
| 1 | 2 | 3 | 4 | 5 |
| O | O | O | O | O |

18. Wie zufrieden sind Sie mit der Höhe Ihres Arbeitsentgeltes, bezogen auf die geleistete Arbeit?

| vollkommen zufrieden | | | | vollkommen unzufrieden |
|:---:|:---:|:---:|:---:|:---:|
| 1 | 2 | 3 | 4 | 5 |
| O | O | O | O | O |

**Anlage 3:  Postalisches Anschreiben**

Unternehmen A

Musterstrasse 1

11223 Musterstadt

Sehr geehrter Herr XY,

die Verbesserung unserer Dienstleistung für euch liegt uns am Herzen. Wir wollen uns weiterentwickeln, um noch besser auf eure Bedürfnisse und Wünsche eingehen zu können. *Deine Meinung dazu ist uns sehr wichtig!*

Mit deiner Teilnahme an dieser Befragung leistest Du einen wertvollen Beitrag zur Weiterentwicklung unserer Dienstleistung – dafür danken wir Dir schon im Voraus ganz herzlich.

Bitte unterstütze uns bei unserem Vorhaben und nehme Dir 10 Minuten Zeit um den Onlinefragebogen auszufüllen.

Alle Daten werden selbstverständlich anonym ausgewertet.

Solltest Du deine E-Mail Adresse bei uns angegeben haben, findest Du den Link für die Onlinebefragung in deinem E-Mail Postfach.

Ansonsten folge diesem Link: *www.soscisurvey.de/Kundenbefragung*.

Vielen herzlichen Dank für Deine tatkräftige Unterstützung!

Unternehmer A & das gesamte Unternehmen A Team

# Anlage 4: Ergebnisse der Kundenbefragung in Unternehmen A

| | | Kunde | 1 | 2 |
|---|---|---|---|---|
| | | Frage | | |
| Soziodemo-graphische Daten | | 1 Wie alt sind Sie? | 2 | 1 |
| | | 2 Welches Geschlecht haben Sie? | 2 | 2 |
| | | 3 Welche Bereiche des Studios nutzen Sie? (mehrere Antworten möglich) | 123 | 1 |
| Check-In/Bar-Bereich | | 4 Schätzen Sie einmal, wie lange Sie in der Regel am Empfang/ an der Bar warten müssen, bevor Ihnen Beachtung geschenkt wird. | 1 | 1 |
| | | 5 Beurteilen Sie diese Aussage: "Das Personal am Check-In / an der Bar ist oft überfordert." | 2 | 1 |
| | | 6 Insgesamt gesehen: Wie zufrieden sind Sie mit der Freundlichkeit des Personals am Check-In/ an der Bar? | 1 | 1 |
| Gerätebereich | | 7 Wie zufrieden sind Sie mit Ihren persönlichen Trainingserfolgen? | 4 | 2 |
| | | 8 Wie oft werden Sie in der Regel durch die Trainer direkt angesprochen? | 2 | 3 |
| | | 9 Wie zufrieden sind sie mit der Trainingsbetreuung durch die Trainer? | 2 | 3 |
| | | 10 Insgesamt gesehen: Wie zufrieden sind Sie mit den Gerätetrainern? | 2 | 2 |
| Kursbereich | | 11 Wie zufrieden sind Sie mit dem Kursangebot? | 3 | 0 |
| | | 12 Beurteilen Sie diese Aussage: " Die Kurstrainer wirken auf mich motivierend und freundlich." | 2 | 0 |
| | | 13 Insgesamt gesehen: Wie zufrieden sind Sie mit den Kurstrainern? | 2 | 0 |
| Reinigungsbereich | | 14 Wie zufrieden sind Sie mit der Sauberkeit im Umkleidebereich? | 3 | 4 |
| | | 15 Wie zufrieden sind Sie mit der Sauberkeit im Saunabereich? | 2 | 0 |
| | | 16 Wie zufrieden sind Sie mit der Sauberkeit auf der Gerätefläche? | 1 | 2 |
| | | 17 Wie zufrieden sind Sie mit der Sauberkeit in den Kursräumen? | 3 | 0 |
| | | 18 Insgesamt gesehen: Wie zufrieden sind sie mit der Sauberkeit der gesamten Fitnessanlage? | 4 | 2 |

| | 3 | 4 | 5 | . | . | 259 | Gesamt-durchschnitt | Häufigkeit der Antwortmöglichkeiten | | | | |
|---|---|---|---|---|---|---|---|---|---|---|---|---|
| | | | | | | | | 1 | 2 | 3 | 4 | 5 |
| 1 | 3 | 2 | 2 | · | · | 3 | 2,7 | | | | | |
| 2 | 2 | 1 | 2 | . | . | 2 | 1,6 | 100 | 159 | / | / | / |
| 3 | 123 | 123 | 12 | . | . | 123 | | | | | | |
| 4 | 1 | 1 | 1 | . | . | 1 | 1,1 | | | | | |
| 5 | 2 | 3 | 1 | . | . | 3 | 1,8 | | | | | |
| 6 | 2 | 2 | 2 | . | . | 1 | 1,5 | 131 | 118 | 10 | 0 | 0 |
| 7 | 1 | 3 | 3 | . | . | 2 | 2,5 | | | | | |
| 8 | 2 | 3 | 3 | . | . | 2 | 2,6 | | | | | |
| 9 | 1 | 3 | 2 | . | . | 3 | 2,7 | | | | | |
| 10 | 1 | 3 | 3 | . | . | 3 | 2,6 | 10 | 79 | 86 | 16 | 0 |
| 11 | 2 | 2 | 4 | . | . | 2 | 2,6 | | | | | |
| 12 | 1 | 2 | 2 | . | . | 2 | 1,9 | | | | | |
| 13 | 1 | 2 | 1 | . | . | 2 | 1,8 | 48 | 134 | 10 | 2 | 0 |
| 14 | 3 | 2 | 3 | . | . | 3 | 3,2 | | | | | |
| 15 | 4 | 4 | 0 | . | . | 2 | 3,2 | | | | | |
| 16 | 3 | 2 | 3 | . | . | 4 | 2,9 | | | | | |
| 17 | 1 | 3 | 2 | . | . | 4 | 2,6 | | | | | |
| 18 | 3 | 2 | 3 | . | . | 4 | 2,9 | 13 | 83 | 100 | 51 | 12 |

# Anlage 5: Ergebnisse der Mitarbeiterbefragung in Unternehmen A

| | Kunde | | 1 | 2 |
|---|---|---|---|---|
| | Frage | | | |
| **Soziodemographische Daten** | 1 | Wie alt sind Sie? | 4 | 2 |
| | 2 | Welches Geschlecht haben Sie? | 2 | 1 |
| | 3 | Bitte kreuzen Sie den Arbeitsbereich an, mit dem Sie für das Unternehmen tätig sind. | 4 | 3 |
| **Die Tätigkeit selbst** | 4 | Wie gefällt Ihnen Ihre Arbeit? | 2 | 3 |
| | 5 | Wie empfinden Sie Ihre allgemeine Arbeitsbelastung? | 2 | 3 |
| | 6 | Wie gefällt Ihnen Ihr Arbeitsplatz? | 2 | 4 |
| | 7 | Insgesamt gesehen: Wie zufrieden sind Sie mit Ihrer Tätigkeit? | 2 | 2 |
| | 8 | Wie zufrieden sind Sie mit ihrem Unternehmen als Arbeitgeber? | 2 | 2 |
| **Kollegen und Vorgesetzte** | 9 | Wie arbeiten die Kollegen Ihres Arbeitsbereiches mit Ihnen zusammen? | 2 | 1 |
| | 10 | Wie arbeiten Mitarbeiter anderer Aufgabenbereiche mit Ihnen zusammen? | 2 | 1 |
| | 11 | Werden Sie von Ihrer/Ihrem Vorgesetzten über Sachverhalte, die Ihre Arbeit betreffen, rechtzeitig und ausreichend informiert? | 2 | 4 |
| | 12 | Wie oft spricht Ihr Vorgesetzter mit Ihnen über Ihre Arbeitsergebnisse? | 4 | 5 |
| | 13 | Können Sie gegenüber Ihrem Vorgesetzten eine eigene Meinung äußern, ohne Nachteile befürchten zu müssen? | 1 | 2 |
| | 14 | Insgesamt gesehen: Wie zufrieden sind Sie mit Ihrem / Ihrer Vorgesetzten? | 4 | 2 |
| | 15 | Insgesamt gesehen: Wie zufrieden sind Sie mit Ihren Kollegen? (auch andere Arbeitsbereiche) | 2 | 1 |
| **Betriebsklima und Bezahlung** | 16 | Halten Sie Ihren eigenen Arbeitsplatz für sicher? | 5 | 5 |
| | 17 | Wie Beurteilen Sie das Betriebsklima in Ihrem Unternehmen? | 1 | 1 |
| | 18 | Wie zufrieden sind Sie mit der Höhe Ihres Arbeitsentgeltes, bezogen auf die geleistete Arbeit? | 3 | 5 |

| | 3 | 4 | 5 | . | 20 | Gesamt-durchschnitt | Durchschnitt der einzelnen Bereiche | | | | |
|---|---|---|---|---|---|---|---|---|---|---|---|
| | | | | | | | Gerätebereich | Kursbereich | Check-In/Bar | Verwaltungs-bereich | Reinigungs-bereich |
| 1 | 3 | 2 | 2 | . | 3 | 3 | 2,6 | 2,6 | 2,0 | 4,0 | 4,7 |
| 2 | 2 | 2 | 1 | . | 2 | 1,5 | 1,8 | 1,4 | 1,3 | 1,3 | 1,7 |
| 3 | 1 | 1 | 2 | . | 2 | 2,7 | 1,0 | 2,0 | 3,0 | 4,0 | 5,0 |
| 4 | 1 | 2 | 2 | . | 1 | 1,9 | 1,8 | 1,4 | 1,8 | 1,3 | 3,7 |
| 5 | 3 | 4 | 3 | . | 4 | 3 | 4,0 | 3,2 | 3,0 | 2,7 | 1,3 |
| 6 | 4 | 4 | 1 | . | 2 | 2,2 | 2,8 | 1,2 | 2,5 | 1,7 | 3,0 |
| 7 | 1 | 2 | 1 | . | 1 | 1,95 | 1,4 | 1,2 | 1,8 | 1,3 | 4,3 |
| 8 | 4 | 1 | 1 | . | 2 | 2,1 | 2,0 | 1,4 | 2,3 | 1,7 | 3,7 |
| 9 | 1 | 1 | 1 | . | 3 | 1,65 | 1,8 | 1,6 | 1,0 | 2,3 | 1,7 |
| 10 | 1 | 2 | 1 | . | 3 | 2,2 | 1,8 | 1,6 | 1,5 | 2,7 | 4,3 |
| 11 | 2 | 4 | 4 | . | 4 | 3,7 | 4,0 | 3,8 | 3,8 | 3,0 | 3,7 |
| 12 | 3 | 5 | 5 | . | 4 | 4,3 | 4,4 | 4,0 | 4,8 | 4,3 | 4,0 |

| Nr | | | | | | | | | | | |
|---|---|---|---|---|---|---|---|---|---|---|---|
| 13 | 1 | 2 | | . | 2 | 1,6 | 1,4 | 1,6 | 1,8 | 1,3 | 2,0 |
| 14 | 2 | 3 | | . | 2 | 2,05 | 2,6 | 1,8 | 1,3 | 2,7 | 2,0 |
| 15 | 1 | 2 | | . | 2 | 1,9 | 1,6 | 1,4 | 1,3 | 2,0 | 4,0 |
| 16 | 3 | 3 | | . | 3 | 3,65 | 4,2 | 3,0 | 3,3 | 3,7 | 4,3 |
| 17 | 2 | 2 | | . | 2 | 1,6 | 1,6 | 1,2 | 1,5 | 1,3 | 2,7 |
| 18 | 3 | 4 | | . | 4 | 3,7 | 3,6 | 3,8 | 4,0 | 3,7 | 3,3 |

# Anlage 6: Ergebnisse der Kundenbefragung in Unternehmen B

| | | Kunde | 1 | 2 |
|---|---|---|---|---|
| | | Frage | | |
| Soziodemo-graphische Daten | 1 | Wie alt sind Sie? | 2 | 4 |
| | 2 | Welches Geschlecht haben Sie? | 2 | 1 |
| | 3 | Welche Bereiche des Studios nutzen Sie? (mehrere Antworten möglich) | 13 | 2 |
| Check-In/ Bar-Bereich | 4 | Schätzen Sie einmal, wie lange Sie in der Regel am Empfang/ an der Bar warten müssen, bevor Ihnen Beachtung geschenkt wird. | 1 | 1 |
| | 5 | Beurteilen Sie diese Aussage: "Das Personal am Check-In / an der Bar ist oft überfordert." | 3 | 2 |
| | 6 | Insgesamt gesehen: Wie zufrieden sind Sie mit der Freundlichkeit des Personals am Check-In/ an der Bar? | 2 | 2 |
| Gerätebereich | 7 | Wie zufrieden sind Sie mit Ihren persönlichen Trainingserfolgen? | 3 | 0 |
| | 8 | Wie oft werden Sie in der Regel durch die Trainer direkt angesprochen? | 1 | 0 |
| | 9 | Wie zufrieden sind sie mit der Trainingsbetreuung durch die Trainer? | 2 | 0 |
| | 10 | Insgesamt gesehen: Wie zufrieden sind Sie mit den Gerätetrainern? | 3 | 0 |
| Kursbereich | 11 | Wie zufrieden sind Sie mit dem Kursangebot? | 0 | 3 |
| | 12 | Beurteilen Sie diese Aussage: " Die Kurstrainer wirken auf mich motivierend und freundlich." | 0 | 1 |
| | 13 | Insgesamt gesehen: Wie zufrieden sind Sie mit den Kurstrainern? | 0 | 3 |
| Reinigungsbereich | 14 | Wie zufrieden sind Sie mit der Sauberkeit im Umkleidebereich? | 3 | 2 |
| | 15 | Wie zufrieden sind Sie mit der Sauberkeit im Saunabereich? | 2 | 0 |
| | 16 | Wie zufrieden sind Sie mit der Sauberkeit auf der Gerätefläche? | 2 | 0 |
| | 17 | Wie zufrieden sind Sie mit der Sauberkeit in den Kursräumen? | 0 | 2 |
| | 18 | Insgesamt gesehen: Wie zufrieden sind sie mit der Sauberkeit der gesamten Fitnessanlage? | 3 | 2 |

| | | 3 | 4 | 5 | . | . | 391 | Gesamt-durchschnitt | Häufigkeit der Antwortmöglichkeiten | | | | |
|---|---|---|---|---|---|---|---|---|---|---|---|---|---|
| | | | | | | | | | 1 | 2 | 3 | 4 | 5 |
| 1 | | 2 | 3 | 5 | . | . | 2 | 2,8 | | | | | |
| 2 | | 2 | 1 | 2 | . | . | 1 | 1,6 | 151 | 240 | / | / | / |
| 3 | | 1 | 12 | 3 | . | . | 1 | | | | | | |
| 4 | | 2 | 1 | 1 | . | . | 1 | 1,2 | | | | | |
| 5 | | 2 | 3 | 2 | . | . | 2 | 2,1 | | | | | |
| 6 | | 3 | 3 | 1 | . | . | 2 | 2,0 | 99 | 199 | 84 | 9 | 0 |
| 7 | | 2 | 2 | 0 | . | . | 2 | 2,3 | | | | | |
| 8 | | 3 | 2 | 0 | . | . | 1 | 2,3 | | | | | |
| 9 | | 4 | 2 | 0 | . | . | 3 | 2,6 | | | | | |
| 10 | | 2 | 2 | 0 | . | . | 2 | 2,3 | 14 | 157 | 79 | 13 | 0 |
| 11 | | 0 | 2 | 0 | . | . | 0 | 2,6 | | | | | |
| 12 | | 0 | 3 | 0 | . | . | 0 | 2,2 | | | | | |
| 13 | | 0 | 2 | 0 | . | . | 0 | 2,2 | 40 | 126 | 80 | 3 | 0 |
| 14 | | 1 | 3 | 2 | . | . | 3 | 2,4 | | | | | |
| 15 | | 0 | 0 | 2 | . | . | 0 | 2,5 | | | | | |
| 16 | | 3 | 2 | 0 | . | . | 1 | 2,4 | | | | | |
| 17 | | 0 | 3 | 0 | . | . | 0 | 2,5 | | | | | |
| 18 | | 3 | 4 | 2 | . | . | 2 | 2,4 | 35 | 206 | 116 | 32 | 2 |

## Anlage 7: Ergebnisse der Mitarbeiterbefragung in Unternehmen B

| | | Kunde | 1 | 2 |
|---|---|---|---|---|
| | | Frage | | |
| Soziodemo-grafische Daten | 1 | Wie alt sind Sie? | 2 | 4 |
| | 2 | Welches Geschlecht haben Sie? | 1 | 2 |
| | 3 | Bitte kreuzen Sie den Arbeitsbereich an, mit dem Sie für das Unternehmen tätig sind. | 3 | 4 |
| Die Tätigkeit selbst | 4 | Wie gefällt Ihnen Ihre Arbeit? | 3 | 2 |
| | 5 | Wie empfinden Sie Ihre allgemeine Arbeitsbelastung? | 3 | 4 |
| | 6 | Wie gefällt Ihnen Ihr Arbeitsplatz? | 3 | 3 |
| | 7 | Insgesamt gesehen: Wie zufrieden sind Sie mit Ihrer Tätigkeit? | 3 | 2 |
| | 8 | Wie zufrieden sind Sie mit ihrem Unternehmen als Arbeitgeber? | 2 | 3 |
| Kollegen und Vorgesetzte | 9 | Wie arbeiten die Kollegen Ihres Arbeitsbereiches mit Ihnen zusammen? | 2 | 1 |
| | 10 | Wie arbeiten Mitarbeiter anderer Aufgabenbereiche mit Ihnen zusammen? | 3 | 2 |
| | 11 | Werden Sie von Ihrer/Ihrem Vorgesetzten über Sachverhalte, die Ihre Arbeit betreffen, rechtzeitig und ausreichend informiert? | 3 | 1 |
| | 12 | Wie oft spricht Ihr Vorgesetzter mit Ihnen über Ihre Arbeitsergebnisse? | 4 | 2 |
| | 13 | Können Sie gegenüber Ihrem Vorgesetzten eine eigene Meinung äußern, ohne Nachteile befürchten zu müssen? | 2 | 3 |
| | 14 | Insgesamt gesehen: Wie zufrieden sind Sie mit Ihrem / Ihrer Vorgesetzten? | 2 | 2 |
| | 15 | Insgesamt gesehen: Wie zufrieden sind Sie mit Ihren Kollegen? (auch andere Arbeitsbereiche) | 3 | 2 |
| Betriebsklima und Bezahlung | 16 | Halten Sie Ihren eigenen Arbeitsplatz für sicher? | 4 | 2 |
| | 17 | Wie Beurteilen Sie das Betriebsklima in Ihrem Unternehmen? | 2 | 2 |
| | 18 | Wie zufrieden sind Sie mit der Höhe Ihres Arbeitsentgeltes, bezogen auf die geleistete Arbeit? | 4 | 2 |

| | 3 | 4 | 5 | . | 22 | Gesamt-durchschnitt | Durchschnitt der einzelnen Bereiche | | | | |
|---|---|---|---|---|---|---|---|---|---|---|---|
| | | | | | | | Gerätebereich | Kursbereich | Check-In/ Bar | Verwaltungs-bereich | Reinigungs-bereich |
| 1 | 2 | 2 | 4 | . | 2 | 3,15 | 2,6 | 2,5 | 2,0 | 4,0 | 4,3 |
| 2 | 1 | 2 | 1 | . | 1 | 1,65 | 1,8 | 1,3 | 1,4 | 1,3 | 1,7 |
| 3 | 2 | 1 | 4 | . | 2 | 2,95 | 1,0 | 2,0 | 3,0 | 4,0 | 5,0 |
| 4 | 2 | 1 | 3 | . | 2 | 2,6 | 2,0 | 2,2 | 2,6 | 2,7 | 2,7 |
| 5 | 3 | 2 | 4 | . | 2 | 2,95 | 2,0 | 2,7 | 3,2 | 3,3 | 2,3 |
| 6 | 1 | 1 | 3 | . | 2 | 2,45 | 1,4 | 1,8 | 3,2 | 2,7 | 2,3 |
| 7 | 2 | 1 | 2 | . | 2 | 2,5 | 1,6 | 2,3 | 2,8 | 2,3 | 2,3 |
| 8 | 2 | 2 | 2 | . | 3 | 2,6 | 1,8 | 2,5 | 2,8 | 2,7 | 2,0 |
| 9 | 2 | 1 | 1 | . | 1 | 1,75 | 1,2 | 1,3 | 2,2 | 1,3 | 2,0 |
| 10 | 2 | 2 | 3 | . | 2 | 2,65 | 2,2 | 2,3 | 2,8 | 2,3 | 2,3 |
| 11 | 1 | 2 | 2 | . | 2 | 2,45 | 2,4 | 1,8 | 3,0 | 1,7 | 2,0 |
| 12 | 4 | 3 | 1 | . | 3 | 3,5 | 3,2 | 3,5 | 4,0 | 1,7 | 2,7 |

| | | | | | | | | | | | |
|---|---|---|---|---|---|---|---|---|---|---|---|
| 13 | 2 | 1 | 3 | . | 2 | 2,05 | 1,2 | 1,7 | 2,0 | 3,0 | 2,0 |
| 14 | 2 | 2 | 2 | . | 3 | 2,65 | 2,2 | 2,3 | 2,8 | 2,0 | 2,7 |
| 15 | 2 | 2 | 3 | . | 2 | 2,4 | 2,0 | 2,2 | 2,2 | 2,3 | 2,3 |
| 16 | 4 | 2 | 3 | . | 3 | 3,65 | 2,8 | 3,7 | 3,6 | 2,7 | 3,7 |
| 17 | 1 | 2 | 1 | . | 2 | 2,1 | 1,8 | 1,8 | 2,0 | 1,7 | 2,3 |
| 18 | 3 | 3 | 3 | . | 4 | 3,2 | 2,8 | 3,0 | 3,6 | 2,3 | 2,3 |